技工院校一体化课程教学改革机床切削加工专业教材

数控车床操作与零件加工

人力资源和社会保障部教材办公室组织编写

中国劳动社会保障出版社

内容简介

本书主要内容包括台阶轴的数控车加工、固定顶尖的数控车加工、螺纹轴的数控车加工、轴套的数控车加工和凸轮轴的数控车加工五个学习任务。

图书在版编目(CIP)数据

数控车床操作与零件加工/人力资源和社会保障部教材办公室组织编写. —北京：中国劳动社会保障出版社，2013

技工院校一体化课程教学改革机床切削加工专业教材

ISBN 978-7-5167-0499-8

Ⅰ.①数… Ⅱ.①人… Ⅲ.①数控机床-车床-操作-技工学校-教材②数控机床-车床-零部件-加工-技工学校-教材 Ⅳ.①TG519.1

中国版本图书馆 CIP 数据核字(2013)第 177709 号

中国劳动社会保障出版社出版发行

（北京市惠新东街1号 邮政编码：100029）

出版人：张梦欣

*

北京市艺辉印刷有限公司印刷装订 新华书店经销

787毫米×1092毫米 16开本 13.5印张 240千字

2013年8月第1版 2023年5月第10次印刷

定价：25.00元

营销中心电话：400-606-6496

出版社网址：http://www.class.com.cn

http://jg.class.com.cn

技工院校一体化课程教学改革教材编委会名单

序

人才是我国经济社会发展的第一资源，技能人才是人才队伍的重要组成部分。党中央、国务院高度重视技能人才队伍建设工作，2009 年 12 月，胡锦涛总书记在视察珠海市高级技工学校时指出："没有一流的技工，就没有一流的产品"、"技能型人才在推进自主创新方面具有不可替代的重要作用"。技工院校是系统培养技能人才的重要基地。多年来，技工院校始终紧紧围绕国家经济发展和劳动者就业，以满足经济发展和企业对技术工人的需求为办学宗旨，形成了鲜明的办学特色，为国家培养了大批生产一线技能劳动者和后备高技能人才。

当前，我国处于全面建设小康社会的关键时期，随着加快转变经济发展方式、推进经济结构调整以及大力发展高端制造产业等新兴战略性产业，迫切需要加快培养一大批具有精湛技能和高超技艺的技能人才。为了遵循技能人才成长规律，切实提高培养质量，进一步发挥技工院校在技能人才培养中的基础作用，从 2009 年开始，我部借鉴国内外职业教育先进经验，在全国 17 个省（区、市）的 30 所技工院校启动了一体化课程教学改革试点工作，推进以职业活动为导向，以校企合作为基础，以综合职业能力培养为核心，理论教学与技能操作融合贯通的一体化课程教学改革。这项改革试点将传统的以学历为基础的职业教育转变为以职业技能为基础的职业能力教育，促进了职业教育从知识教育向能力培养转变，努力实现"教、学、做"融为一体，收到了积极成效。改革试点得到了学校师生的充分认可，普遍反映一体化课程教学改革是技工院校一次"教学革命"，学生的学习热情、教学组织形式、教学手段和学生的综合素质都发生了根本性变化。试点的成果表明，一体化课程教学改革是转变技能人才培养模式的重要抓手，是推动技工院校改革发展的重要举措，也是人力资源社会保障部门加强技工教育和在职业培训工作的一个重点项目。

教学改革的成果最终要以教材为载体进行体现和传播。根据我部推进一体化课程教学改革的要求，一体化课程改革专家、几百位试点院校的骨干教师以及中国人力资源和社会保障出版集团的编辑团队，用了三年多的时间，组织实施了一体化课程教学改革试点，并将试点中形成的课程成果进行了整理、提炼，汇编成“活页”教材。这套教材不仅在形式上打破了传统教材的编写模式，而且在内容上突破了传统教材的结构体例，在国内职业教育培训教材领域中均属首创。这套教材及配套资料的出版，不仅是本次一体化课程教学改革试点工作的阶段性总结，也是一体化课程教学改革不断深化和全面推广的一个起点。希望全国技工院校将一体化课程教学改革作为创新人才培养模式、提高人才培养质量的重要抓手，进一步推动教学改革，促进内涵发展，提升办学质量，为加快培养合格的技能人才作出新的更大贡献！

人力资源和社会保障部副部长

王晓初

二〇一二年八月

活页式教材使用说明

◆ 页码编排方式

为了更加方便地在教材中增删和替换内容，页码采用“学习任务编号－学习活动编号－页码号”三级编排形式，如“3–2–4”表示“学习任务三”的“学习活动2”的第4页。

◆ 过程评价表使用方法

教材中设计了“自评表”、“互评表”、“教师总评表”、“综合评价表”等评价表格，表头上有“班级”、“姓名”、“学号”等信息栏，从活页教材中取出评价表填写后可以单独提交。

◆ 教材内容更新方法

中国人力资源和社会保障出版集团将根据一体化课程教学改革的推进以及科学技术的发展和不同地域的需要，不断补充和更新教材中的学习任务和学习活动，学校可以从“技工院校一体化教学资源网（http：//yth.cott.org.cn）”下载（需在网站注册）。通过网站还可以了解到更多的一体化课程教学改革信息和下载相关资源。

◆ 便携式活页夹和PVC保护板使用方法

使用教材中附赠的便携式活页夹，可以灵活方便地将教材中部分内容携带至一体化教学场地。教材内附的整张PVC保护板可以作为学习记录垫板使用。

◆ 参考用书选用方法

在学习过程中，学生需要查阅大量参考资料，下表为中国人力资源和社会保障出版集团出版的适宜本专业一体化教学使用的参考书目录。

机床切削加工／数控加工专业一体化教学参考书目录（中级阶段）

序号	书号	书名
1	978-7-5045-9709-0	机械制图（少学时）（双色印刷）
2	978-7-5045-9690-1	机械基础（少学时）（双色印刷）
3	978-7-5045-9677-2	金属材料与热处理（少学时）（双色印刷）
4	978-7-5045-9717-5	极限配合与技术测量基础（少学时）（双色印刷）
5	978-7-5045-9689-5	机械制造工艺基础（少学时）（双色印刷）
6	978-7-5045-9713-7	工程力学（少学时）（双色印刷）
7	978-7-5045-9668-0	电工学（少学时）（双色印刷）
8	978-7-5045-8689-6	车工工艺与技能　学生用书Ⅱ　基础知识
9	978-7-5045-9159-3	铣工工艺与技能　学生用书Ⅱ　基础知识
10	978-7-5045-9128-9	数控加工工艺学（第三版）
11	978-7-5045-9097-8	数控机床编程与操作（第三版　数控车床分册）
12	978-7-5045-9112-8	数控机床编程与操作（第三版　数控铣床　加工中心分册）

目　　录

学习任务一　台阶轴的数控车加工

学习目标

1. 能遵守机房各项管理规定，并规范使用计算机。

2. 能按照数控加工车间安全防护规定，正确穿戴劳保用品，严格执行安全操作规程。

3. 能在正确识读图样的基础上，通过查阅国家标准等相关资料，编制台阶轴零件的数控车加工工序卡。

4. 能编制台阶轴零件的数控车加工程序，并绘制刀具路径图。

5. 能应用仿真软件各项功能，完成台阶轴零件的模拟加工，并能根据模拟测量结果完善程序。

6. 能运用数控车床上的编辑、修改和替代功能输入并调试台阶轴加工程序，解决在此过程中出现的简单报警。

7. 能在台阶轴加工过程中，严格按照数控车床操作规程操作机床。

8. 能根据切削状态调整切削用量，保证正常切削，并适时检测，保证台阶轴的加工精度。

9. 能在教师的指导下解决数控加工中出现的常见问题。

10. 能规范、熟练地使用常用量具，对台阶轴零件进行检测，判断加工质量，并根据测量结果，分析误差产生的原因，提出修改意见。

11. 能按车间现场6S管理和产品工艺流程的要求，正确放置台阶轴零件，整理现场、保养机床，进行产品交接并规范填写交接班记录表。

12. 能主动获取有效信息，展示工作成果，对学习与工作进行反思总结，并能与他人开展合作，进行有效沟通。

建议学时

40 学时

工作情境描述

某企业机器中的单向控制阀阀芯（台阶轴零件）因长期使用出现磨损，需要更换。加工数量为30件，工期为10天，包工包料。现生产部门委托我校数控车工组来完成此加工任务。

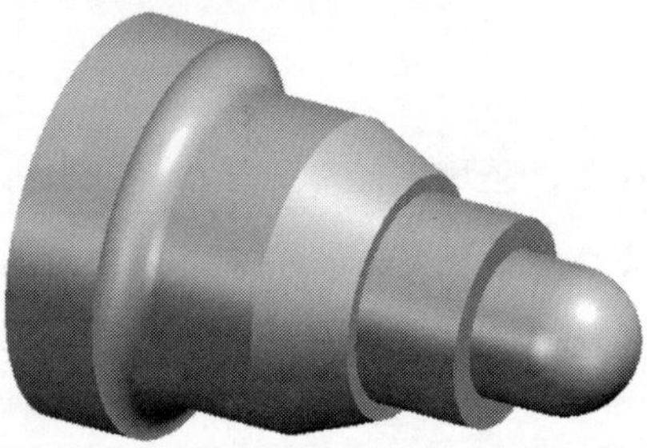

台阶轴实体图

工作流程与活动

1. 台阶轴加工工艺分析与编程
2. 台阶轴模拟加工
3. 数控车床简单操作的认知
4. 台阶轴的数控车加工
5. 台阶轴的检验与质量分析
6. 工作总结与评价

学习活动 1　台阶轴加工工艺分析与编程

学习目标

1. 能描述数控车削适合加工的零件类型、加工所用刀具类型及其适用场合。

2. 能根据台阶轴的材料和形状特征及加工要求等选择刀具和刀具几何参数，并确定数控加工合理的切削用量。

3. 能对台阶轴零件进行数控车加工工艺分析，制定台阶轴数控加工工艺路线。

4. 能应用笛卡儿坐标系判别数控车床的各控制轴及方向。

5. 能描述工件坐标系与机床坐标系的关系，并正确建立工件坐标系。

6. 能编制台阶轴的数控车加工程序。

建议学时　6 学时

学习过程

一、阅读生产任务单

台阶轴生产任务单

单位名称				完成时间	年　月　日
序号	产品名称	材料	生产数量	技术标准、质量要求	
1	台阶轴	45 钢或铝棒	30 件	按图样要求	
2					

续表

序号	产品名称	材料	生产数量	技术标准、质量要求		
3						
生产批准时间		年 月 日	批准人			
通知任务时间		年 月 日	发单人			
接单时间		年 月 日	接单人		生产班组	数控车工组

注：生产任务单与零件图样等一起领取。

1. 本任务所加工的台阶轴零件是单向控制阀的阀芯，其顶端的半圆球面和中间的圆锥面在实际应用中都有特定的作用。查阅资料，了解单向控制阀阀芯的作用、加工要求和单向控制阀图形符号，以及半圆球面和圆锥面的作用和加工要求。

（1）单向控制阀阀芯的作用、加工要求：

（2）单向控制阀的图形符号：

（3）半圆球面的作用和加工要求：

（4）圆锥面的作用和加工要求：

2. 作为一名新员工，你了解即将从事的数控车的工作内容及数控车的加工过程吗？试通过观看数控车加工教学视频、有关图片（见下图）或者查找资料，说明数控车削适合加工的零件类型、加工所用刀具类型及其适用场合，并简述数控车加工的主要过程。

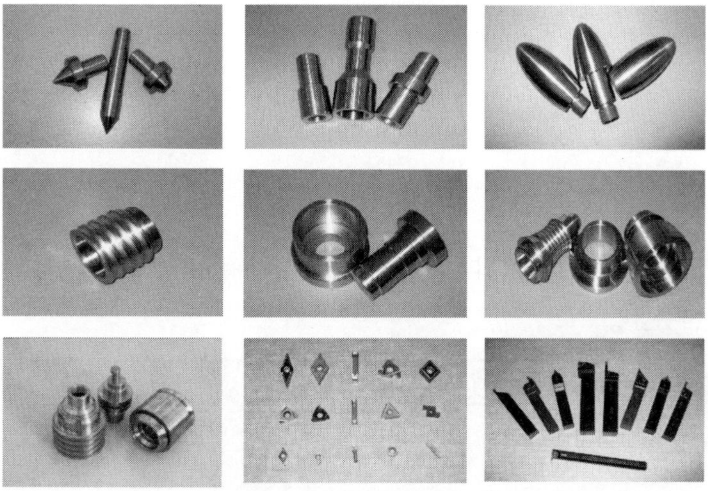

各种类型的零件与刀具

（1）数控车削适合加工的零件类型：

（2）数控车削用刀具的主要类型及其适用场合：

（3）数控车加工的主要过程：

3. 本生产任务工期为 10 天，试依据任务要求，制订合理的工作进度计划，并根据小组成员的特点进行分工。

序号	工作内容	时间	成员	负责人
1	工艺分析			
2	编制程序			
3	程序检验			
4	车削加工			
5	成品检验与质量分析			

二、图样分析

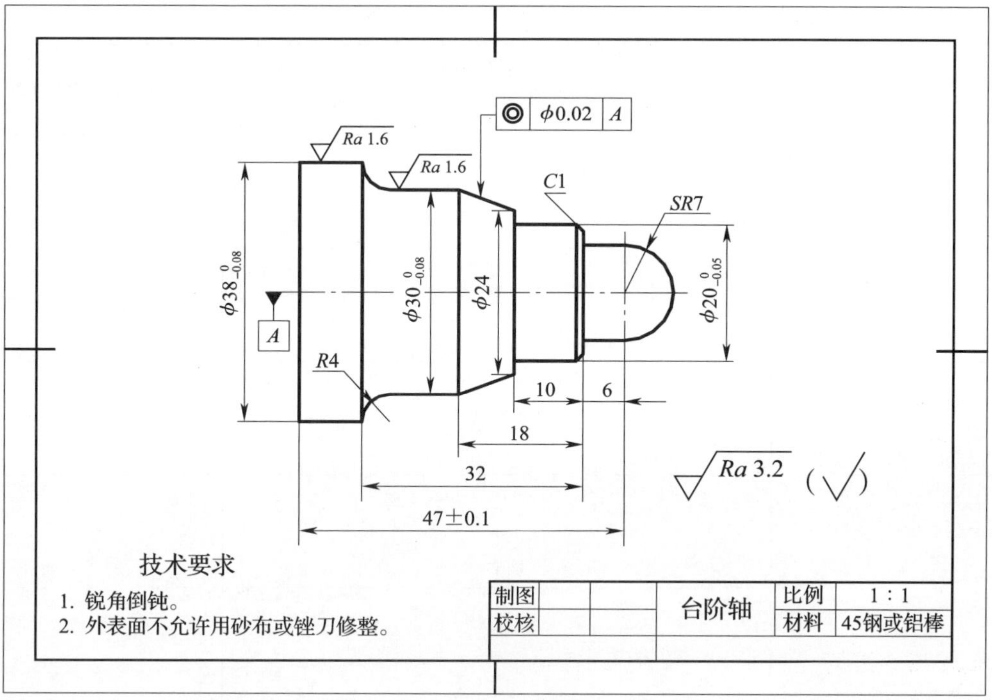

台阶轴零件图样

1．分析零件图样，写出零件加工的主要尺寸，然后进行相应的尺寸公差计算，为零件的编程做准备。

（1）外圆主要尺寸：

（2）圆弧主要尺寸：

（3）圆锥主要尺寸：

（4）从以上列举尺寸中选出带有公差的尺寸，并计算其极限尺寸，说明加工精度控制范围。

带有公差的尺寸	极限尺寸		精度控制范围
	上极限尺寸	下极限尺寸	

2. 零件图对圆锥面有同轴度要求（◎ ϕ0.02 *A*），你将采取哪些工艺措施来保证？

3. 零件图并未标注零件总长，因此需要根据图样计算出零件的总长度。试结合普通车床加工经验合理确定毛坯尺寸，并在空白图纸上绘制毛坯图样。

（1）台阶轴零件总长：______________________。

（2）台阶轴毛坯尺寸：______________________。

制图				比例	1：1
校核				材料	

零件毛坯图样

三、刀具选择与工艺制定

1. 根据台阶轴零件图样，将台阶轴加工内容填在下表中。

台阶轴加工内容

序号	加工内容
1	
2	
3	
4	

2. 通过下表了解数控车削刀具，说明表中所示刀具适用于什么场合的加工。

数控车削刀具

序号	刀具图	说明	序号	刀具图	说明
1		名称：________ 适用场合：________ ________ ________	5	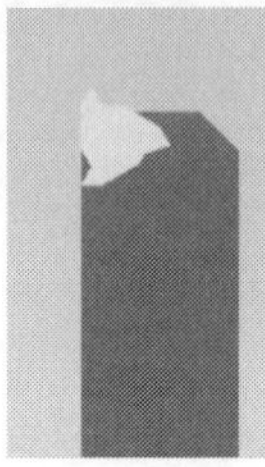	名称：________ 适用场合：________ ________ ________
2		名称：________ 适用场合：________ ________ ________	6		名称：________ 适用场合：________ ________ ________
3		名称：________ 适用场合：________ ________ ________	7	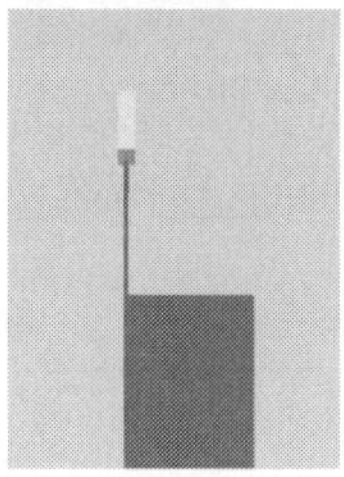	名称：________ 适用场合：________ ________ ________
4		名称：________ 适用场合：________ ________ ________	8	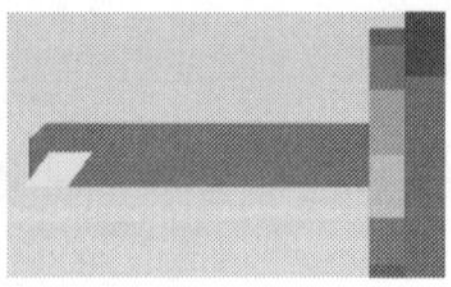	名称：________ 适用场合：________ ________ ________

3. 根据“图样分析”中问题 1 的结果，说说半圆球面与圆锥面要用什么样的刀具加工才能保证加工要求（例如，半圆球面可以起到密封作用，而密封件对球面的表面结构要求较高，因此加工时不能有停顿、干涉，排屑要流畅，应选用主偏角 93°、刀尖角 55°、刀尖圆弧 $R0.4$ mm 的标准外圆车刀）。

（1）半圆球面加工的刀具选择：

（2）圆锥面加工的刀具选择：

4．根据上述分析，填写台阶轴加工的车削刀具卡。

台阶轴加工的车削刀具卡

<table>
<tr><td colspan="2">产品名称或代号</td><td colspan="2"></td><td>零件名称</td><td></td><td>零件图号</td><td></td></tr>
<tr><td>刀具号</td><td colspan="3">加工内容</td><td>刀具名称</td><td>刀片型号</td><td>刀尖半径（mm）</td><td>刀具规格（mm×mm）</td></tr>
<tr><td></td><td colspan="3"></td><td></td><td></td><td></td><td></td></tr>
<tr><td></td><td colspan="3"></td><td></td><td></td><td></td><td></td></tr>
<tr><td></td><td colspan="3"></td><td></td><td></td><td></td><td></td></tr>
<tr><td></td><td colspan="3"></td><td></td><td></td><td></td><td></td></tr>
<tr><td></td><td colspan="3"></td><td></td><td></td><td></td><td></td></tr>
<tr><td>编制</td><td></td><td>审核</td><td></td><td>批准</td><td></td><td>第　页</td><td>共　页</td></tr>
</table>

5. 数控车削零件的加工工艺制定方法与普通车削加工基本一致，试回顾确定零件加工工艺路线的方法。

6. 图中台阶轴的材料可用45 钢或铝棒，查阅资料可知，高速钢刀具切削 45 钢的切削速度为＿＿＿＿＿＿，切削铝及铝合金的切削速度为＿＿＿＿＿＿；硬质合金刀具切削 45 钢的切削速度为＿＿＿＿＿＿，切削铝及铝合金的切削速度为＿＿＿＿＿＿。

7. 根据普通车床加工经验，小组讨论制定台阶轴数控车加工工序卡。

台阶轴数控车加工工序卡

<table>
<tr><td rowspan="2">单位名称</td><td colspan="2" rowspan="2"></td><td colspan="2">产品名称或代号</td><td colspan="2">零件名称</td><td colspan="2">零件图号</td></tr>
<tr><td colspan="2"></td><td colspan="2"></td><td colspan="2"></td></tr>
<tr><td>工序号</td><td colspan="2">程序编号</td><td colspan="2">夹具名称</td><td colspan="2">使用设备</td><td colspan="2">车间</td></tr>
<tr><td></td><td colspan="2"></td><td colspan="2"></td><td colspan="2"></td><td colspan="2"></td></tr>
<tr><td>工步号</td><td colspan="2">工步内容</td><td>刀具号</td><td>刀具规格(mm)</td><td>主轴转速(r/min)</td><td>进给速度(mm/min)</td><td>背吃刀量(mm)</td><td>备注</td></tr>
<tr><td>1</td><td colspan="2"></td><td></td><td></td><td></td><td></td><td></td><td></td></tr>
<tr><td>2</td><td colspan="2"></td><td></td><td></td><td></td><td></td><td></td><td></td></tr>
<tr><td>3</td><td colspan="2"></td><td></td><td></td><td></td><td></td><td></td><td></td></tr>
<tr><td>4</td><td colspan="2"></td><td></td><td></td><td></td><td></td><td></td><td></td></tr>
<tr><td>5</td><td colspan="2"></td><td></td><td></td><td></td><td></td><td></td><td></td></tr>
<tr><td>6</td><td colspan="2"></td><td></td><td></td><td></td><td></td><td></td><td></td></tr>
<tr><td>7</td><td colspan="2"></td><td></td><td></td><td></td><td></td><td></td><td></td></tr>
<tr><td>编制</td><td></td><td>审核</td><td></td><td>批准</td><td></td><td>共 页</td><td colspan="2">第 页</td></tr>
</table>

四、程序编制

1. 为了准确确定数控车床上运动部件的移动方向和距离，数控编程与操作离不开坐标系的建立。查阅资料，学习有关机床坐标系及坐标轴方向的内容，并回答下列问题。

（1）为了确定机床的运动方向、移动距离，就要在机床上建立一个坐标系，即机床坐标系。在编制程序时，就可以以该坐标系来规定运动方向和距离。数控机床坐标系采用符合右手定则规定的笛卡儿坐标系（见下图），其中三根手指指向对应轴的方向分别是什么?

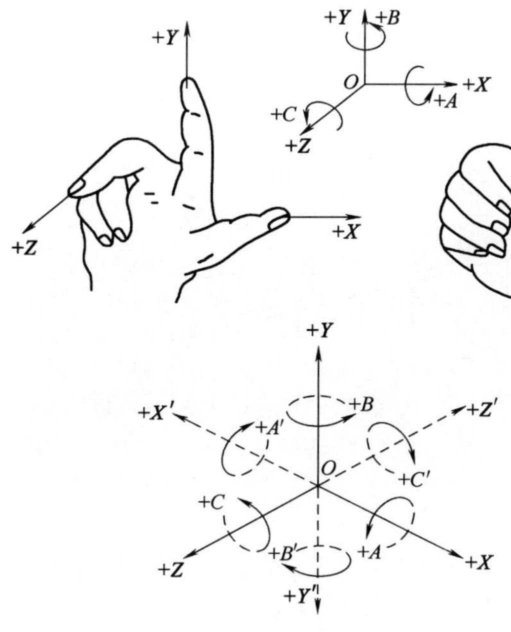

笛卡儿坐标系

1）大拇指指向：

2）食指指向：

3）中指指向：

（2）根据笛卡儿坐标系规定，画出下图所示前置刀架式数控车床的 Z 轴与 X 轴方向。

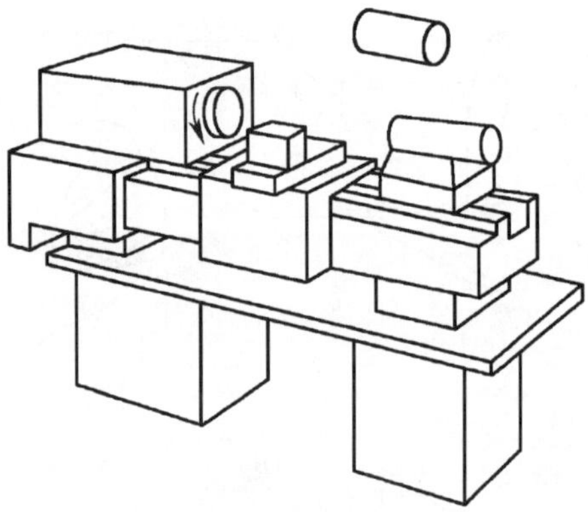

前置刀架式数控车床

（3）根据笛卡儿坐标系规定，画出下图所示后置刀架式数控车床的 Z 轴与 X 轴方向。

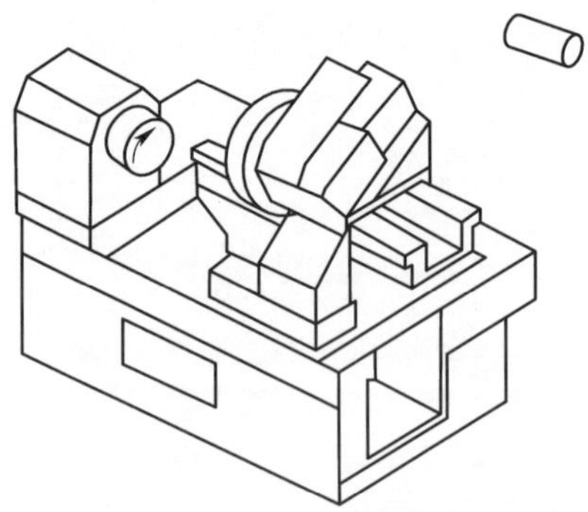

后置刀架式数控车床

2. 数控车床的机床原点、机床参考点（见下图），是数控车床编程与加工中比较重要的概念。在数控车床开机时，必须先确定机床原点，而确定机床原点的运动就是刀架返回参考点的操作。这样，通过确认参考点就确定了机床原点。只有机床原点被确认后，刀具（或工作台）移动才有基准。查阅资料回答以下问题。

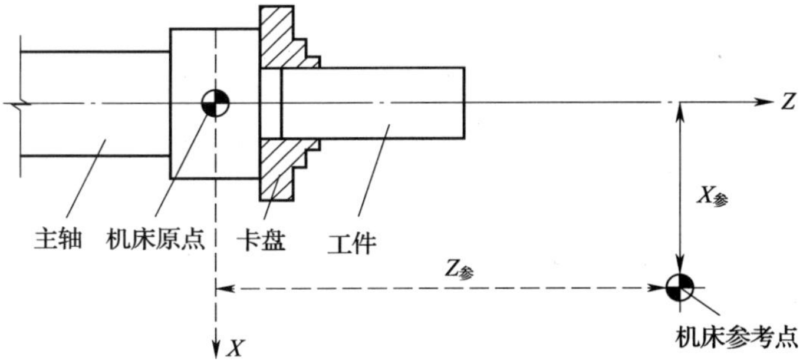

数控车床的机床原点与机床参考点

（1）机床原点的概念：

（2）机床参考点的概念：

（3）在数控车加工前是否要先确定机床参考点？为什么？

3．工件坐标系原点位置是在工件装夹完毕后通过对刀来保证的，它反映的是工件与机床原点之间的距离位置关系，用以确定刀具和程序起点。编程坐标系是由编程人员根据零件图样及加工工艺要求确定的，其主要目的是为了编程计算方便、机床调整方便。在数控车加工中，以上两个坐标系一般是重合的。查阅相关资料，在下图中绘制出台阶轴零件的编程坐标系。

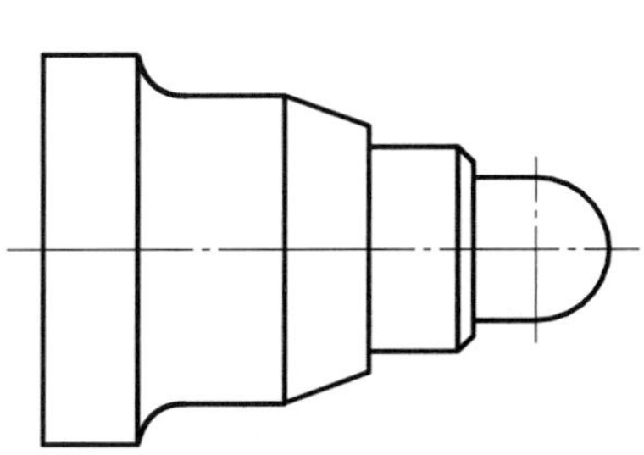

台阶轴的编程坐标系

4. 查阅资料，结合自己所学的数控系统，回答以下问题。

（1）数控加工程序的概念：

（2）程序的组成：

（3）程序段的格式：

5. 要完成台阶轴的加工，首先要学会零件加工程序的编制。在了解程序的组成与程序段格式的基础上，查阅资料学习编程指令的格式、应用场合。然后，结合台阶轴零件图样，判断在加工中是否会应用到这些指令。

（1）查阅资料学习下表所列指令。

数控车削编程指令

序号	指令名称	图示	指令格式	应用场合
1	快速定位（移动）	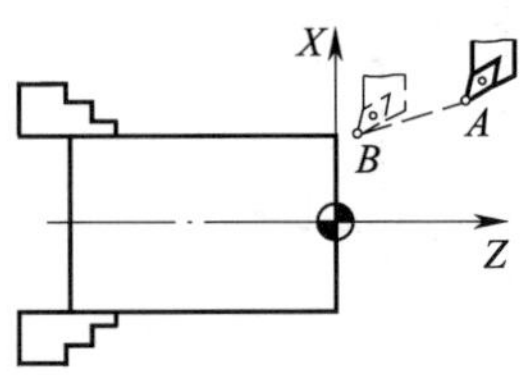		

续表

序号	指令名称	图示	指令格式	应用场合
2	直线插补（切削）	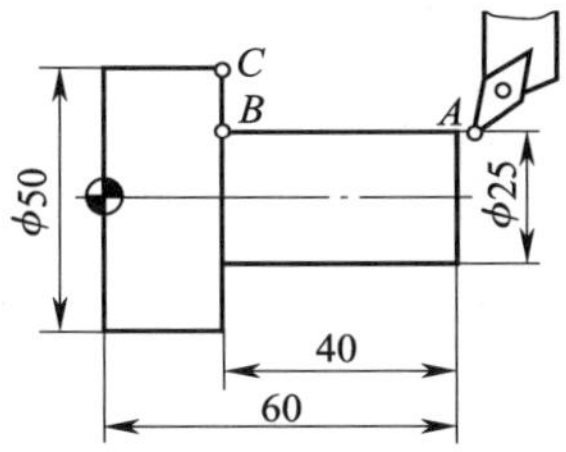		
3	圆弧插补	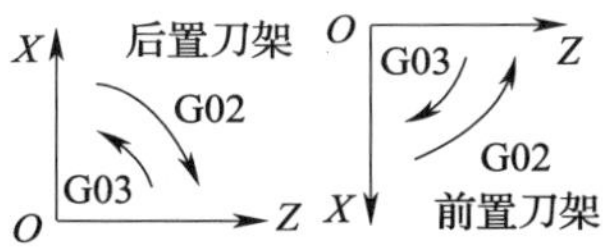		

（2）根据以上指令的应用场合，结合零件图样，选择适合台阶轴加工的指令，并说明理由，填入表中。

台阶轴数控车加工选择的准备功能指令

序号	选择的指令	应用理由

6．在零件的数控加工过程中，需要依靠辅助指令才能完成机床或系统的开、关等辅助动作，如换刀、开停冷却泵、主轴正反转以及程序结束等。查阅资料，在表中写出下列辅助编程指令的格式、应用场合，并判断台阶轴加工是否会用到这些指令。

（1）在表中填写辅助编程指令的格式及应用场合。

数控车削辅助编程指令

序号	指令名称	指令格式	应用场合
1	程序暂停		
2	程序选择性暂停		
3	主轴正转		
4	主轴反转		
5	主轴停止		
6	程序结束		
7	刀具指令		
8	主轴转速指令		
9	进给功能（每分钟进给）		
10	进给功能（每转进给）		

（2）下图所示为某零件轮廓的精加工走刀路线及程序流程图。通过分析该案例，合理选择台阶轴数控车加工需要的辅助指令，说明理由，并填入表中。

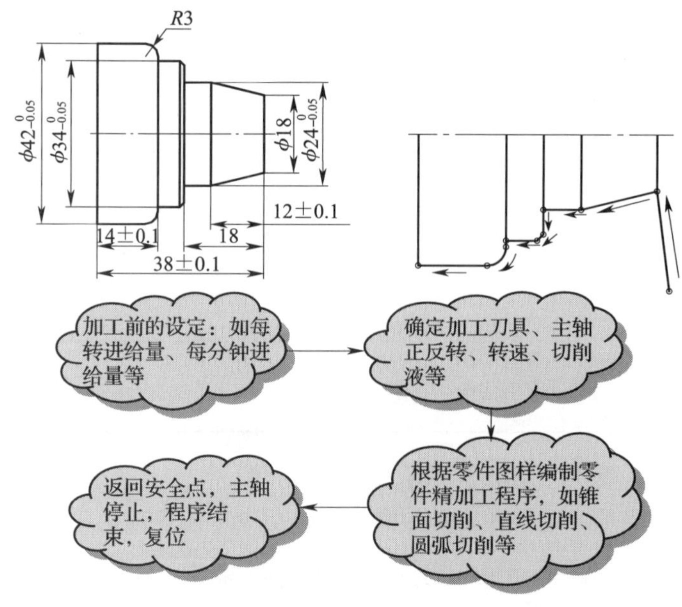

某零件轮廓精加工流程

台阶轴数控车加工选择的辅助编程指令

序号	选择的指令	应用理由
1		
2		
3		
4		
5		
6		
7		
8		

7. 查阅资料，学习坐标点移动的几种编程方式，根据图示完成下表中的简单编程。

坐标点移动编程方式

分类	定义	举例	图示
绝对坐标值	指刀具刀位点相对于编程坐标系原点的坐标值	刀具从 A 点移动到 B 点，其指令如下：________；	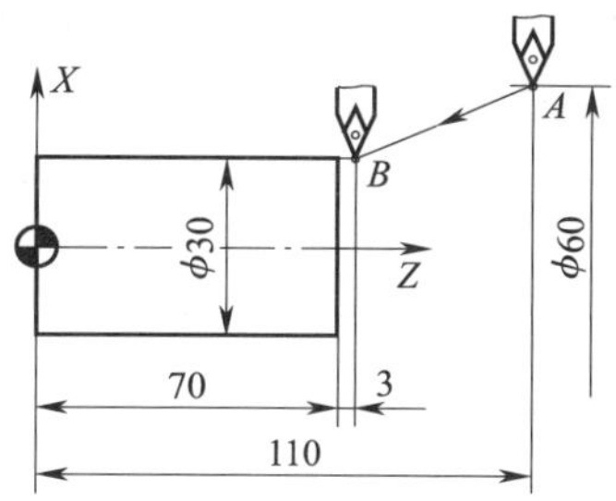
相对（增量）坐标值	指刀具刀位点运动终点以起点作为原点在相应坐标方向上的增量坐标值	刀具从 A 点移动到 B 点，其指令如下：________；	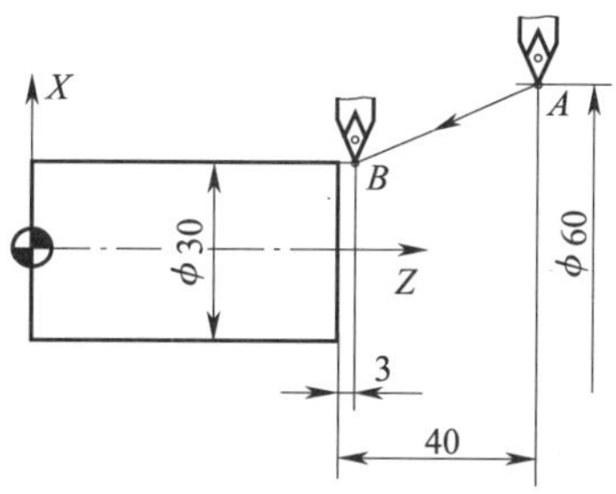

续表

分类	定义	举例	图示
混合坐标值	X 轴、Z 轴可分别使用绝对坐标值和相对（增量）坐标值	刀具从 A 点移动到 B 点，其指令如下： ______________；	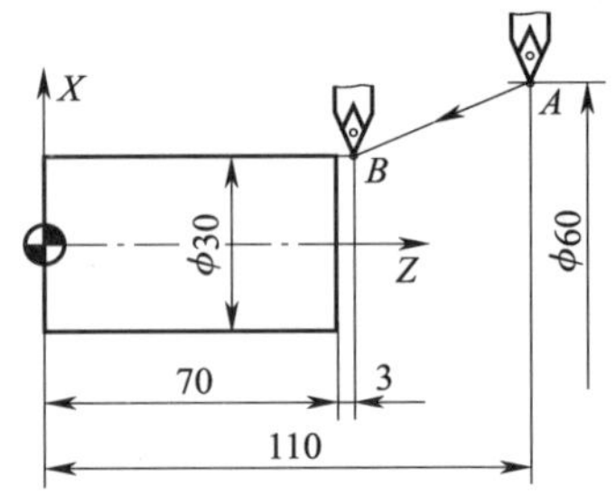

8. 在坐标点移动编程的基础上，用绝对坐标值编程方法完成台阶轴（见右图）坐标点移动的编程（坐标系为问题 3 中建立的坐标系）。

A 点→B 点：

____

B 点→C 点：

____

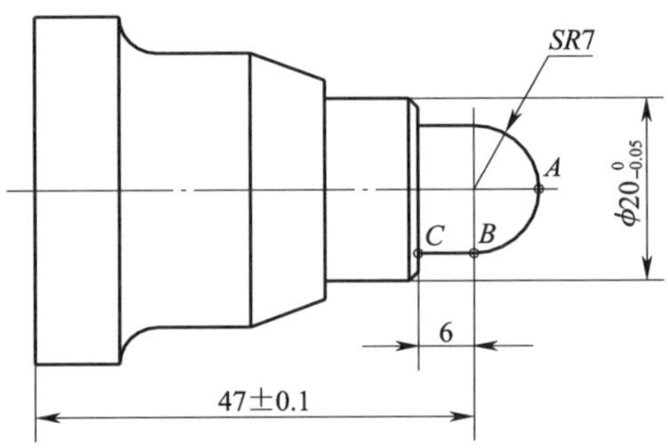

台阶轴零件图

9. 根据台阶轴零件图样以及此前的学习，编制零件数控车加工程序，填入表中。

（1）零件右端加工程序

程序段号	台阶轴	**O0001;**
	加工程序	程序说明
N5		
N10		
N15		
N20		
N25		
N30		
N35		

续表

程序段号	台阶轴	**O0001;**
	加工程序	程序说明
N40		
N45		
N50		
N55		
N60		
N65		
N70		
N75		
N80		
N85		
N90		
N95		
N100		
N105		
N110		
N115		
N120		
N125		
N130		
N135		
N140		

续表

程序段号	台阶轴	O0001;
	加工程序	程序说明
N145		
N150		
N155		
N160		
N165		
N170		
N175		
N180		
N185		
N190		
N195		
N200		
N205		
N210		
N215		
N220		
N225		
N230		
N235		
N240		
N245		

续表

程序段号	台阶轴	O0001;
	加工程序	程序说明
N250		
N255		
N260		
N265		
N270		
N275		
N280		
N285		
N290		
N295		
N300		
N305		
N310		
N315		
N320		
N325		
N330		
N335		
N340		
N345		
N350		

（2）零件左端加工程序

程序段号	台阶轴	**O0002；**
	加工程序	程序说明
N5		
N10		
N15		
N20		
N25		
N30		
N35		
N40		
N45		
N50		

学习活动2　台阶轴模拟加工

学习目标

1. 能遵守机房各项管理规定，并规范使用计算机。
2. 能根据零件图样完成工件的棒料选择与装夹。
3. 能在仿真软件中进行对刀操作。
4. 能建立新程序，并在程序中进行数据的修改。
5. 能完成台阶轴的模拟加工。

建议学时　6学时

学习过程

随着计算机的发展，尤其是虚拟加工技术的发展，产生了可以模拟实际设备加工环境及其工作状态的计算机仿真加工系统。用计算机仿真加工系统进行模拟加工，不仅可迅速提高操作者的素质，而且安全可靠、费用低。同时，也比较适合工厂、企业对新产品的开发和试制工作，减少大量前期准备工作，提高数控机床的利用率，缩短新产品的开发、试制和生产周期。本活动利用前面编制的台阶轴数控车削程序，完成台阶轴的模拟加工。

一、学习机房管理规定

1. 案例分析

如图所示，在上课时有的同学用计算机玩扑克牌小游戏，有的把书包塞在计算机的主机旁，有的将饮料瓶放在计算机主机上。说说这些同学的做法是否规范、是否存在安全隐患及其原因，并指出应该如何改正。

机房的各种行为

2. 从安全用电、防火、计算机使用三个方面分组讨论，列举机房行为规范应该包含的内容，派代表在全班陈述。最后，对照机房或企业有关场所的管理规定，看看所列举内容是否合理、完善。

（1）安全用电：

（2）防火：

（3）计算机使用：

二、熟悉数控车床仿真软件

1. 通过网络查询，写出常见的数控仿真软件的名称，并说出其面板操作、工件装夹、编程方面各有什么特点，填入表中。

常见的数控仿真软件及其特点

序号	软件名称	面板操作特点	工件装夹特点	编程特点
1				
2				
3				

2. 了解你所使用仿真软件的界面组成及主要功能，并填入表中。

仿真软件的界面组成及主要功能

组成	内容与功能
主菜单	（例如，有文件、显示、工具、选项、教学管理、帮助等内容，可以根据需要选择其中的某一个菜单条）
工具条	
数控机床显示区	
报警信息栏	
数控操作面板	

3. 对应你所使用的仿真软件，找出下列按钮，画出按钮图标草图，并说明其主要功能。

仿真软件按钮

序号	按钮名称	图标草图	主要功能
1	窗口切换		
2	电源开关		
3	文件保存		
4	刀具管理		
5	工件设置		
6	工件测量		

4. 查阅仿真软件操作手册，写出数控车床仿真软件的文件管理方法。

（1）新建项目操作方法：

（2）保存项目操作方法：

（3）打开项目操作方法：

（4）保存零件文件操作方法：

（5）导入零件文件操作方法：

三、数控车床设置与基本操作

1. 在你所使用的仿真软件中，选择适合加工台阶轴的机床和数控系统，写出主要操作步骤（可以在软件帮助文档的操作说明中寻找答案）。

2. 找到回零按钮并执行回零操作。台阶轴零件模拟加工是否要开机回参考点？为什么？

3. 当安装多把刀时，需要转动刀架。试查阅资料，写出转动刀架的方法。

4. 将台阶轴的车削刀具安装到刀架上，并描述新建刀具的主要操作步骤。

5. 根据零件图样，在仿真软件中选择毛坯的大小，写出新建毛坯的主要操作步骤。

6. 台阶轴零件模拟加工前要对刀吗？为什么？如果需要对刀，写出对刀的主要操作步骤。

7. 如果台阶轴零件模拟加工需要进行对刀操作，在对刀操作过程中是否要进行手摇轮操作？如果需要，写出操作步骤。

8. 在对刀过程中，主轴转速一般选择为500 r/min。怎样在对刀前开启主轴，以达到设定的转速要求？

9. 为尽量缩短空行程路线，应合理选择起刀点和换刀点。查阅资料，了解起刀点和换刀点的相关知识。在台阶轴零件加工中，你设定换刀点的坐标是多少？

（1）起刀点的确定方法：

（2）换刀点的确定方法：

（3）台阶轴零件加工中设置的换刀点位置：

10．在仿真软件中建立程序文件，在新程序中输入编好的台阶轴程序。写出主要操作步骤。

四、模拟加工

1．运行已编制好的加工程序，观察仿真软件生成的刀具路径（见下图）是否符合台阶轴零件加工要求。如果不符合要求，记录下来，以便改正。

不合理 1：

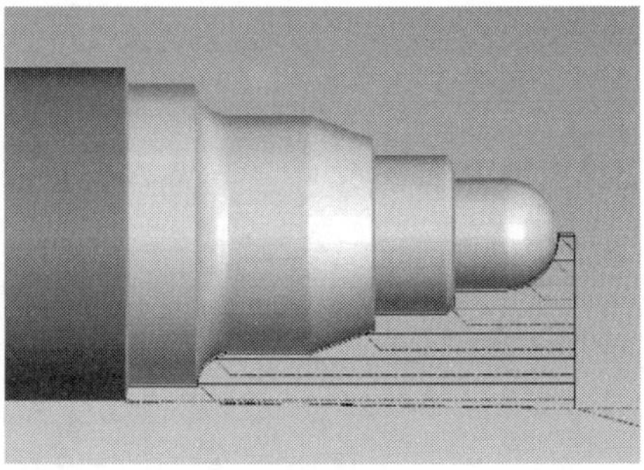

模拟加工刀具路径

不合理 2：

不合理 3：

2. 根据台阶轴“模拟加工“问题 1 的记录，分析不符合加工要求的原因，并在小组讨论中提出预防措施或改进方法，填入表中，以提高加工质量和效率。

台阶轴模拟加工问题

问题	原因	预防措施或改进方法

3. 案例分析 1：如果在零件粗加工过程中突然停电，刀具会发生损坏，从而无法继续加工零件。为了完成零件加工任务，接下来应该怎么做?

4. 案例分析 2：台阶轴零件加工完成后，发现顶端圆弧处多了一个小台阶，如下图所示，试分析其产生原因和解决方法。

（1）产生原因：

（2）解决方法：

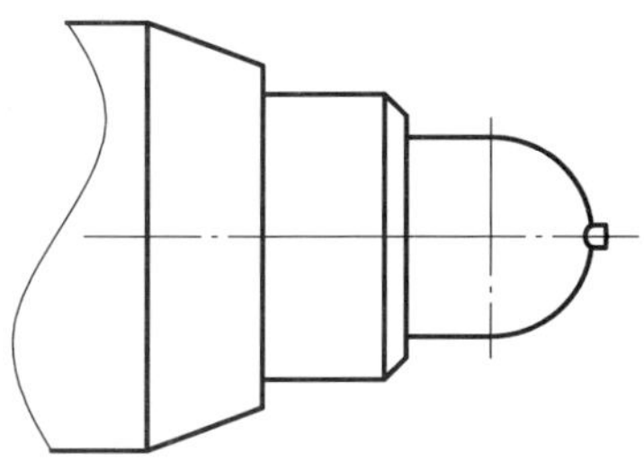

台阶轴零件

学习活动3　数控车床简单操作的认知

学习目标

1. 能描述数控车床的组成、结构、功能，指出数控车床面板各部分的名称和作用。

2. 能通过教师示范操作、讲解，学会数控车床的基本操作方法。

3. 能将编制好的加工程序，正确输入数控车床，并运用数控车床上的编辑、修改和替代功能，进行加工程序的修改。

4. 能根据管理规定要求，对数控设备进行日常维护和保养。

建议学时　10学时

学习过程

一、认识数控车床

在教师的带领下参观数控加工生产现场，通过参观来认识数控车床。在参观过程中，应认真仔细地观察数控车床加工过程，比较数控车床与普通车床的不同之处，深入了解数控车床加工的内容、加工特点、数控车床种类等基本知识，同时体验数控车床加工的工作氛围，为进一步学习数控车床的操作做准备。

1. 什么是数控技术？与普通机床相比，数控机床主要具有哪些特点？数控车床主要能完成哪些项目的加工？

2. 当今世界上数控系统的种类及规格繁多，试查阅资料，列出常用数控车床系统的品牌、型号及市场价格。目前，国内主流的数控车床系统有哪些？我校使用的数控车床系统是什么型号的？

序号	1	2	3	4
品牌				
型号				
市场价格				
图示				

3. 认识数控车床的结构，写出数控车床上对应位置的结构名称。

(1) ________________；

(2) ________________；

(3) ________________；

(4) ________________；

(5) ________________；

(6) ________________；

(7) ________________；

(8) ________________；

(9) ________________；

(10) ________________；

(11) ________________。

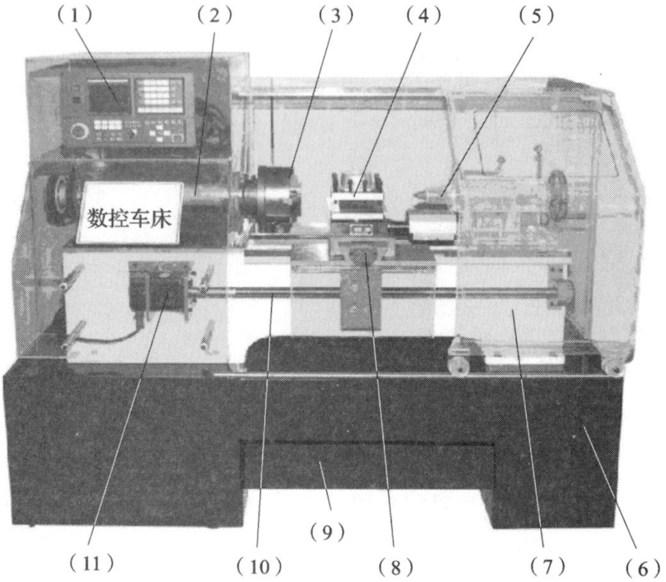

二、认识数控车床面板

不同类型的数控车床配备的数控系统不尽相同，面板功能和布局也各不一样。因此，在操作设备前，要仔细阅读编程与操作说明书，认识数控车床面板上各功能键的名称和功能。下图所示为 FANUC 0i 系统的数控车床面板，它由数控系统操作面板和机床操作面板两部分组成。

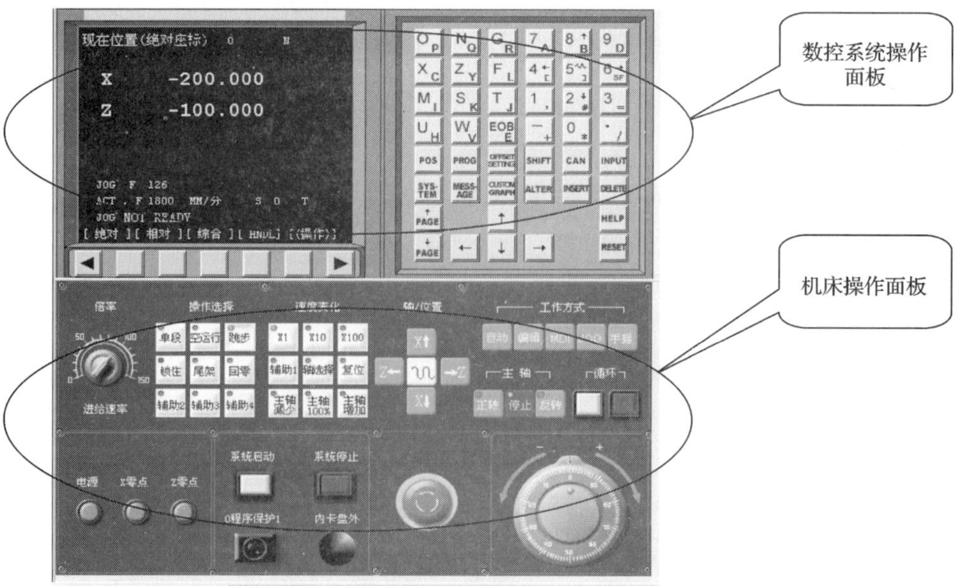

典型的 FANUC 0i 系统数控车床面板

1．认识数控系统操作面板

（1）仔细阅读编程与操作说明书，说明 FANUC 0i 数控系统操作面板由哪几部分组成，并填在图中。我校所用数控系统的操作面板是否也由这几部分组成，有哪些区别?

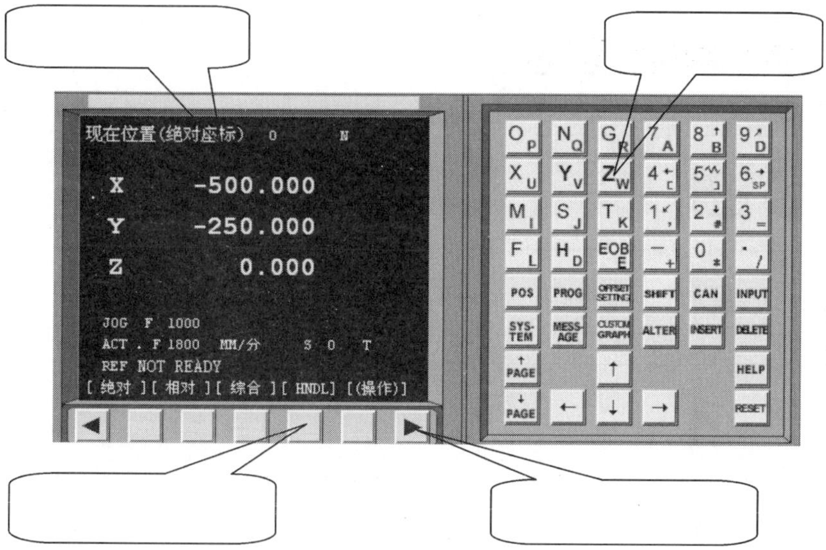

FANUC 0i 数控系统操作面板

（2）查阅编程与操作说明书，认识 FANUC 0i 数控系统操作面板上各按键的名称及功能，并填在下表中。

FANUC 0i 数控系统操作面板上各按键的名称及功能

功能键图标	名称	功能说明
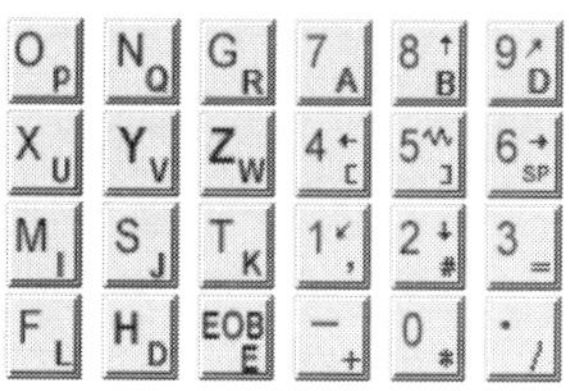		

续表

功能键图标	名称	功能说明
HELP		

SHIFT		
INPUT		
CAN		
ALTER		
INSERT		
DELETE		
POS		
PROG		
OFFSET SETTNG		
CUSTOM GRAPH		
MESS-AGE		

续表

功能键图标	名称	功能说明

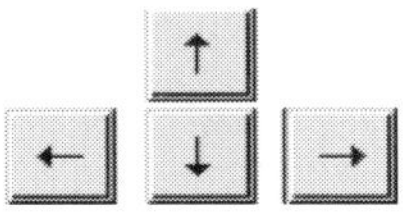		

（3）参观数控加工生产现场时，仔细观察我校采用的是不是 FANUC 0i 数控系统。如果不是，查阅相关资料，在下表中列写出我校所用数控系统操作面板上各按键的名称及功能。（可另附页）

数控系统操作面板上各按键的名称及功能

功能键图标	名称	功能说明

续表

功能键图标	名称	功能说明

2. 认识机床操作面板

（1）仔细阅读编程与操作说明书，说明下图所示 FANUC 0i 数控系统机床操作面板上各键的名称及功能，并填在下表中。

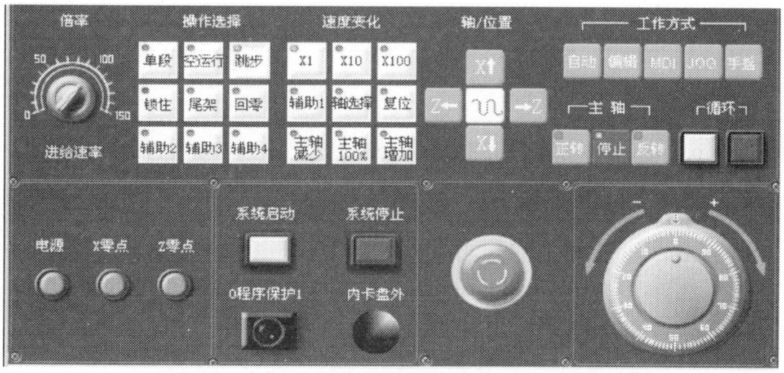

FANUC 0i 数控系统机床操作面板

FANUC 0i 数控系统机床操作面板上各键的名称及功能

功能键图标	名称	功能说明

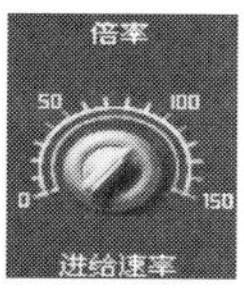		

续表

功能键图标	名称	功能说明

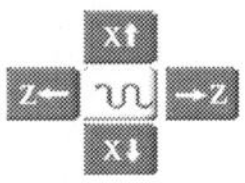		

（2）参观数控加工生产现场时，仔细观察我校采用的是不是相同的机床操作面板。如果不是，查阅相关资料，在下表中列写出我校所用数控机床操作面板上各键的名称及功能。(可另附页)

机床操作面板上各键的名称及功能

功能键图标	名称	功能说明

三、数控车床基本操作

1. 认真阅读下面的数控车加工注意事项，与普通车床加工注意事项相比，两者有哪些异同点?

数控车加工注意事项

(1) 进入数控车削实训场地后，应服从安排，不得擅自启动或操作车床数控系统。

(2) 机床工作前要有预热，要认真检查润滑系统工作是否正常，如机床长时间未开动，可先采用手动方式向各部分供油润滑。

(3) 操作数控系统面板时，对各按键及开关的操作不得用力过猛，更不允许用扳手或其他工具操作数控系统面板。操作数控机床时，严禁两人同时操作。

(4) 完成对刀后，要做模拟换刀试验，以防止正式操作时发生撞坏刀具、工件或设备等事故。

(5) 自动运行加工时，操作者应集中注意力，左手手指放在程序停止按钮上，眼睛观察刀尖运动情况，右手控制修调开关，控制机床拖板运行速率，发现问题及时按下程序停止按钮，以确保刀具和数控机床安全，避免各类事故发生。

(6) 加工过程中，应认真观察切削及冷却状况，确保机床、刀具的正常运行及工件的质量。关闭防护门以免铁屑、润滑油飞出。

(7) 禁止用手接触刀尖和铁屑，清理铁屑必须使用铁钩子或毛刷。

(8) 禁止用手或其他任何方式接触正在旋转的主轴、工件或其他运动部位。

(9) 禁止加工过程中用棉丝擦拭工件、清扫机床。

(10) 车床运转中，操作者不得离开岗位，机床发现异常现象应立即停车。

(11) 在加工过程中，不允许打开机床防护门。

(12) 在程序运行中需暂停测量工件尺寸时，要待机床完全停止、主轴停转后方可进行测量，以免发生人身事故。

(13) 未经许可禁止打开电器箱。

(14) 各手动润滑点必须按说明书要求润滑。

2. 进行数控车加工时要时刻注意安全文明生产，认真学习数控车加工安全文明生产规定，指出图片中存在哪些违反安全文明生产的现象，应怎样改进。

问题：________________________________

____

____

改进：________________________________

____

____

问题：________________________________

____

____

改进：________________________________

____

____

问题：________________________________

____

____

改进：________________________________

____

____

问题：________________________________

____

____

改进：________________________________

____

____

问题：______________________________

____

____

改进：______________________________

____

____

问题：______________________________

____

____

改进：______________________________

____

____

3. 操作数控车床是一个系统过程，主要包括开机回零、工件与刀具的装夹、对刀、程序输入、空运行模拟、零件加工、测量补偿、保养机床等，熟练掌握上述基本操作方法是数控操作工的必备技能。在教师的指导下，认真学习数控车床的基本操作，并完成下表。

数控车床基本操作内容及具体步骤

基本操作内容	操作步骤	注意事项
开机回零		
装两把刀（外圆车刀、切断刀）		
对两把刀（外圆车刀、切断刀）		

续表

基本操作内容	操作步骤	注意事项
建立新程序（O××××）		
机床空运行模拟		

4. 操作练习

（1）在手摇（HANDLE）或手动（JOG）切削状态下，车削加工下图所示的简单零件（车削时以每次直径方向 1 mm 来逐次练习），工件材料为 ϕ50 mm×90 mm 铝棒，完成后回答以下问题。

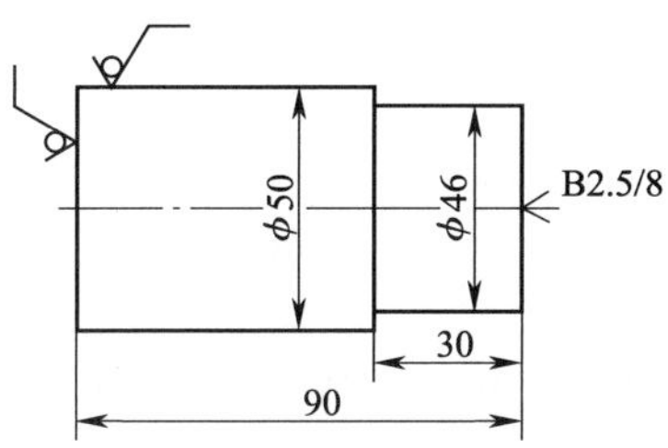

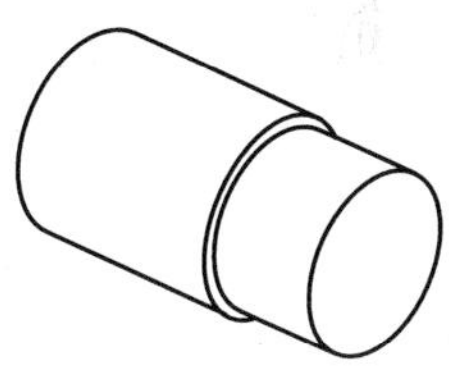

$\sqrt{Ra\ 3.2}$ （$\sqrt{}$）

简单零件图

1）在车削中，由于受到切削力的作用，工件往三爪卡盘方向退缩，试分析原因并说明预防措施。

2）在车削中，由于受到切削力的作用，外圆车刀产生歪斜，试分析原因并说明防止措施。

3）如果零件外圆尺寸精度为 ±0.3 mm，应用什么量具来测量？当测量零件外圆尺寸 ϕ46 mm 为 ϕ46.75 mm 时，接下来该怎么办？

（2）将小组讨论并修改完善后的台阶轴数控车削程序正确输入数控车床，记录程序输入过程中遇到的问题。

学习活动4　台阶轴的数控车加工

学习目标

1. 能根据台阶轴零件图样，查阅相关资料，确定符合加工要求的工、量、夹具及辅件。

2. 能熟练输入台阶轴数控车加工程序。

3. 能熟练运用数控车床上的编辑、修改和替代功能调试台阶轴加工程序，并能解决在此过程中出现的简单报警。

4. 能根据台阶轴加工要求，运用规范对刀方法，正确建立工件坐标系。

5. 能描述切削液的种类和应用场合，正确选择本次任务所需的切削液。

6. 能在台阶轴加工过程中，严格按照数控车床操作规程操作机床。

7. 能根据切削状态调整切削用量，保证正常切削，并适时检测，保证台阶轴加工精度。

8. 能在教师的指导下解决数控加工中出现的常见问题。

9. 能按车间现场6S管理和产品工艺流程的要求，正确放置台阶轴零件并进行质量检验和确认。

10. 能按产品工艺流程和车间管理规定，正确规范地保养机床，进行产品交接并规范填写交接班记录表。

建议学时　12学时

学习过程

一、加工准备

1. 领取工、量、刃具

填写工、量、刃具清单，并领取工、量、刃具。

工、量、刃具清单

序号	名称	规格	数量	备注
1				
2				
3				
4				
5				
6				
7				
8				
9				
10				
11				
12				
13				
14				
15				

2. 领取毛坯料

领取毛坯料，并测量毛坯外形尺寸，判断毛坯是否有足够的加工余量。

3. 选择切削液

根据加工对象及所用刀具，选择本次加工所用切削液。

4. 开机准备

（1）写出开机后的主要检查及准备工作（如给相关部位加油、检查油标等）。

（2）写出零件进行自动加工前，需要完成的准备工作（如回参考点、装夹刀具等）。

（3）车刀安装正确与否，将直接影响切削能否顺利进行和工件的加工质量。查阅资料，说明安装车刀时应注意哪些问题。

（4）如前所述，对刀是数控加工中较为复杂的工艺准备工作之一，其实质就是通过具体的操作，在固定的机床坐标系的基础上，建立毛坯、刀具和编程坐标之间的关系。对刀正确与否将直接影响数控车床的正常运行，对刀操作的准确性将直接影响到加工零件的尺寸精度。因此，作为数控车操作人员必须掌握对刀的正确操作方法及相关内容。

1）数控车刀的刀位点是什么？如何确定？

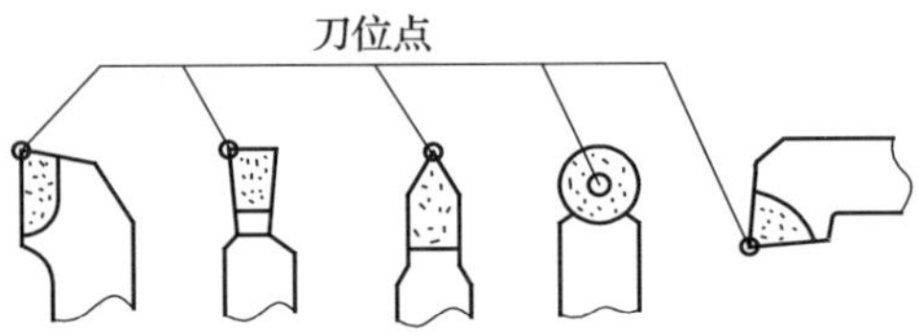

数控车刀的刀位点

2）常用的对刀方法有哪些？各有何特点？

3）90°外圆车刀在数控车床上实现对刀操作的具体步骤是怎样的？

（5）要实现台阶轴的自动加工，首先要输入已编制好的台阶轴数控车削程序，并校验是否有误。试查阅相关资料，明确数控程序输入与校验的具体操作步骤及注意事项。

1）将数控车削程序输入数控车床的方法有哪几种？利用面板输入程序时应注意哪些事项？

2）数控车床运动轨迹的控制是由加工程序实现的，如果程序中出现字符错误、格式错误等问题，轻则引起报警或影响零件加工质量，严重时还会造成人身和机床事故，因此，程序输入后应进行程序校验。如何进行程序校验？主要校验哪些方面？

3）程序校验时，产生以下报警的原因是什么？应该如何解决？

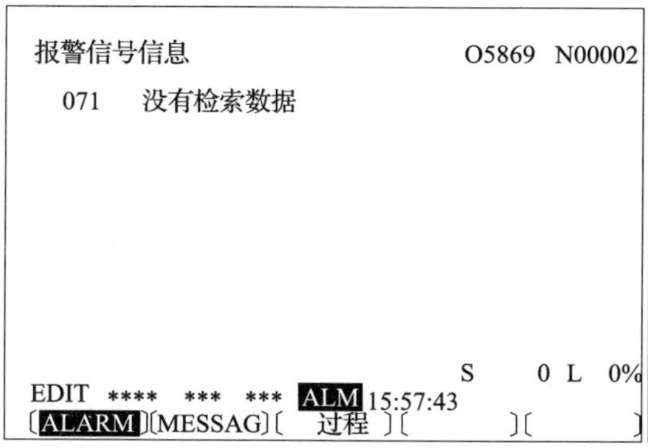

二、零件加工

1. 按照数控车床操作安全规程检查各项均符合要求后，送电开机。
2. 按正确操作顺序，进行回机床参考点操作。
3. 正确装夹工件，并对其进行找正。
4. 正确装夹刀具，确保刀具牢固可靠，并设定主轴转速（500 r/min）。
5. 对刀

记录三次对刀时每次的对刀数据，并说明对刀数据有区别的原因。

对刀次数	X 对刀数据	Z 对刀数据
第 1 次		
第 2 次		
第 3 次		

对刀数据有区别的原因：

6. 程序输入与校验

（1）输入已编制好的台阶轴数控车削程序，利用数控车床的模拟检验功能判断加工程序的对错，小组讨论修改并完善零件加工程序，以提高加工效率。

（2）记录程序输入时产生的报警号，并说明产生报警的原因及解决办法。

报警号	报警内容	报警原因	解决办法

7. 自动加工

（1）为了保证零件的加工精度，在粗加工后应检测零件各部分的尺寸，记录并确定补偿值。

序号	直径测量数据	补偿数据（X 轴磨耗）	长度测量数据	补偿数据（Z 轴磨耗）

（2）加工中注意观察刀具切削情况，记录加工中不合理的因素，以便于纠正，提高工作效率（如切削用量、加工路径是否合理，刀具是否有干涉等）。

台阶轴加工中遇到的问题

问题	产生原因	预防措施或改进方法

三、保养机床、清理场地

加工完毕后，按照图样要求进行自检，正确放置零件，并进行产品交接确认；按照国家环保相关规定和车间要求整理现场，清扫切屑，保养机床，并正确处置废油液等废弃物；按车间规定填写交接班记录和设备日常保养记录卡（见附表）。

学习活动 5　台阶轴的检验与质量分析

学习目标

1. 能根据台阶轴图样，合理选择检验工具和量具。

2. 能正确规范地使用工、量具对台阶轴进行检验，并对工、量具进行保养和维护。

3. 能根据台阶轴的测量结果，分析误差产生的原因，并提出修改意见。

4. 能按检验室管理要求，正确放置检验用工、量具。

建议学时　4 学时

学习过程

一、明确测量要素，领取检测用工、量具

1. 台阶轴上有哪些要素需要测量?

2．根据台阶轴需要测量的要素，写出检测台阶轴所需工、量具，并填入表中。

检测台阶轴所需工、量具

序号	名称	规格（精度）	检测内容	备注
1				
2				
3				
4				
5				
6				
7				

二、检测零件，填写台阶轴零件质量检验单

1．根据图样要求，自检台阶轴零件，并完成质量检验单。

台阶轴零件质量检验单

项目	序号	内容	检测结果	结论
外圆	1	$\phi 38_{-0.08}^{0}$ mm		
	2	$\phi 30_{-0.08}^{0}$ mm		
	3	$\phi 20_{-0.05}^{0}$ mm		
	4	$\phi 24$ mm		

续表

项目	序号	内容	检测结果	结论
长度	5	(47 ±0.1) mm		
	6	32 mm		
	7	18 mm		
	8	10 mm		
	9	6 mm		
球面	10	*SR*7 mm		
圆弧	11	*R*4 mm		
同轴度	12	◎ | ϕ0.02 | *A*		
表面质量	13	*Ra*1.6 μm（2 处）		
	14	*Ra*3.2 μm（6 处）		
倒角	15	*C*1 mm		
台阶轴检测结论				
产生不合格品的情况分析				

2. 案例分析 1：测得台阶轴外圆尺寸 $\phi38_{-0.08}^{0}$ mm 为 $\phi38.3$ mm 或 $\phi37.8$ mm，分析外圆尺寸 $\phi38_{-0.08}^{0}$ mm 偏大或偏小的原因，并判断零件能否返修。若能，提出返修方案。

3. 案例分析 2：测得台阶轴长度尺寸（47 ±0.1）mm 为 47.2 mm 或 46.7 mm，分析产生误差的原因，并判断零件能否返修。若能，提出返修方案。

三、提出工艺方案修改意见

对不合格项目进行分析，小组讨论提出工艺方案修改意见。

不合格项目	产生原因	修改意见
尺寸不对		
圆弧曲线误差		
同轴度误差		
表面粗糙度达不到要求		

学习活动 6 工作总结与评价

学习目标

1. 能按照台阶轴加工综合评价表完成自评。

2. 能按分组情况，分别派代表展示工作成果，说明本次任务的完成情况，并作分析总结。

3. 能结合自身任务完成情况，正确规范地撰写工作总结（心得体会）。

4. 能就本次任务中出现的问题，提出改进措施。

5. 能对学习与工作进行反思总结，并能与他人开展良好合作，进行有效沟通。

建议学时 2 学时

学习过程

一、自我评价

台阶轴加工综合评价表

工件编号		技术要求	配分	总得分		
项目	序号			评分标准	检测记录	得分
仿真过程（10%）	1	仿真软件操作正确	4	熟练程度		
	2	模拟加工设置正确	3	酌情扣分		
	3	程序输入	3	酌情扣分		

续表

工件编号				总得分		
项目	序号	技术要求	配分	评分标准	检测记录	得分
机床操作（20%）	4	正确开启机床、检查	4	不正确、不合理无分		
	5	机床返回参考点	4	不正确、不合理无分		
	6	程序的输入及修改	4	不正确、不合理无分		
	7	程序空运行轨迹检查	4	不正确、不合理无分		
	8	对刀的方式、方法	4	不正确、不合理无分		
程序与工艺（20%）	9	程序格式规范	5	不合格每处扣 2 分		
	10	程序正确、完整	8	不合格每处扣 2 分		
	11	工艺合理	7	不合格每处扣 1 分		
零件质量（40%）	12	$\phi38_{-0.08}^{0}$ mm	4	超差不得分		
	13	$\phi30_{-0.08}^{0}$ mm	4	超差不得分		
	14	$\phi20_{-0.05}^{0}$ mm	4	超差不得分		
	15	$\phi24$ mm	2	超差不得分		
	16	（47 ±0.1） mm	3	超差不得分		
	17	32 mm	2	超差不得分		
	18	18 mm	2	超差不得分		
	19	10 mm	2	超差不得分		
	20	6 mm	2	超差不得分		
	21	*SR*7 mm	3	超差不得分		
	22	*R*4 mm	3	超差不得分		
	23	◎ $\phi0.02$ *A*	3	超差不得分		
	24	*Ra*1.6 μm（2 处）	2	降级不得分		
	25	*Ra*3.2 μm（6 处）	3	降级不得分		
	26	*C*1 mm	1	超差不得分		
安全文明生产（10%）	27	安全操作	5	不按安全操作规程操作全扣		
	28	机床清理	5	不合格全扣		
总分			100			

二、展示评价（小组评价）

把个人制作好的台阶轴先进行分组展示，再由小组推荐代表作必要的介绍。在展示过程中，以组为单位进行评价；评价完成后，根据其他组成员对本组展示成果的评价意见进行归纳总结。完成如下项目：

1. 展示的台阶轴符合技术标准吗？

合格□　　不良□　　返修□　　报废□

2. 本小组介绍成果表达是否清晰？

很好□　　一般，常补充□　　不清晰□

3. 本小组演示的台阶轴检测方法操作正确吗？

正确□　　部分正确□　　不正确□

4. 本小组演示操作时遵循了“6S”的工作要求吗？

符合工作要求□　　忽略了部分要求□　　完全没有遵循□

5. 本小组的检测量具、量仪保养完好吗？

良好□　　一般□　　不合要求□

6. 本小组的成员团队创新精神如何？

良好□　　一般□　　不足□

三、教师评价

教师对展示的作品分别作评价。

1. 找出各组的优点进行点评。
2. 对展示过程中各组的缺点进行点评，提出改进方法。
3. 对整个任务完成中出现的亮点和不足进行点评。

四、总结提升

1. 回顾数控车削加工台阶轴的工作过程，总结数控车削加工零件的机床操作过程。

2. 试结合自身任务完成情况，通过交流讨论等方式较全面规范地撰写本次任务的工作总结。

工作总结（心得体会）

评价与分析

学习任务一评价表

班级：________ 学生姓名：________ 学号：________

项目	自我评价			小组评价			教师评价		
	10～9	8～6	5～1	10～9	8～6	5～1	10～9	8～6	5～1
	占总评 10%			占总评 30%			占总评 60%		
学习活动 1									
学习活动 2									
学习活动 3									
学习活动 4									
学习活动 5									
学习活动 6									
表达能力									
协作精神									
纪律观念									
工作态度									
分析能力									
操作规范性									
任务总体表现									
小计									
总评									

任课教师：________ 年 月 日

学习任务二　固定顶尖的数控车加工

学习目标

1. 能遵守机房各项管理规定，并规范使用计算机。

2. 能按照数控加工车间安全防护规定，正确穿戴劳保用品，严格执行安全操作规程。

3. 能应用三角函数知识计算固定顶尖零件图样中的基点坐标。

4. 能编制固定顶尖零件的数控车加工工序卡。

5. 能编制固定顶尖零件的数控车加工程序，并绘制刀具路径图。

6. 能熟练应用仿真软件各项功能，完成固定顶尖零件的模拟加工，并能根据模拟加工结果完善程序。

7. 能根据固定顶尖零件图样，查阅相关资料，确定符合加工技术要求的工、量、夹具和辅件。

8. 能应用数控车床的模拟检验功能，检查程序编写中的错误，并对程序进行优化。

9. 能在固定顶尖零件的加工过程中，严格按照数控车床操作规程操作机床。

10. 能根据切削状态调整切削用量，保证正常切削，并适时检测，保证固定顶尖的加工精度。

11. 能在教师的指导下解决数控加工中出现的常见问题。

12. 能规范、熟练地使用常用量具，对固定顶尖零件进行检测，判断加工质量，并根据测量结果，分析误差产生的原因，提出修改意见。

13. 能按车间现场6S管理和产品工艺流程的要求，正确放置固定顶尖零件，整理现场、保养机床，进行产品交接并规范填写交接班记录表。

14. 能主动获取有效信息，展示工作成果，对学习与工作进行反思总结，并能与他人开展良好合作，进行有效的沟通。

建议学时

40 学时

工作情境描述

某企业检修机床设备附件时，发现其中有一些固定顶尖已损坏，需要按原设计图样重新制作。加工数量为 30 件，工期为 10 天，包工包料。现生产部门委托我校数控车工组来完成此加工任务。

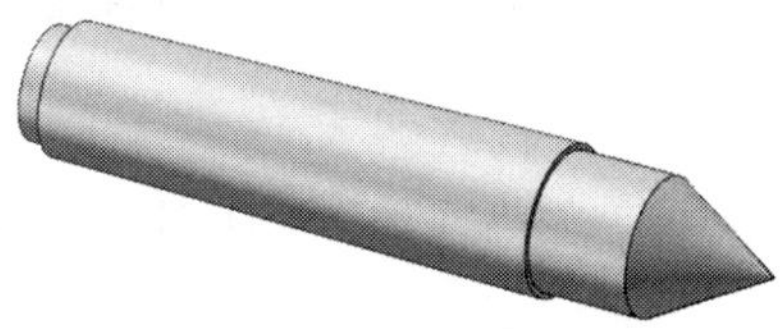

固定顶尖实体图

工作流程与活动

1. 固定顶尖加工工艺分析与编程
2. 固定顶尖模拟加工
3. 固定顶尖的数控车加工
4. 固定顶尖的检验与质量分析
5. 工作总结与评价

学习活动1　固定顶尖加工工艺分析与编程

学习目标

1. 能应用三角函数知识计算固定顶尖零件图样中的基点坐标。

2. 能根据固定顶尖的材料和形状特征及加工要求等选择刀具和刀具的几何参数，并确定数控加工合理的切削用量。

3. 能编制固定顶尖零件的数控车加工工序卡。

4. 能编制固定顶尖零件的数控车加工程序，并绘制刀具路径图。

建议学时　6学时

学习过程

一、阅读生产任务单

固定顶尖生产任务单

单位名称				完成时间	年　月　日	
序号	产品名称	材料	生产数量	技术标准、质量要求		
1	固定顶尖	45钢	30件	按图样要求		
2						
3						
生产批准时间		年　月　日	批准人			
通知任务时间		年　月　日	发单人			
接单时间		年　月　日	接单人		生产班组	数控车工组

注：生产任务单与零件图样等一起领取。

1．本任务所加工固定顶尖零件采用的是什么材料？其加工切削性能怎样？有无热处理和硬度要求？

2．本生产任务工期为 10 天，试依据任务要求，制订合理的工作进度计划，并根据小组成员的特点进行分工。

序号	工作内容	时间	成员	负责人
1	工艺分析			
2	编制程序			
3	程序检验			
4	车削加工			
5	成品检验与质量分析			

二、图样分析

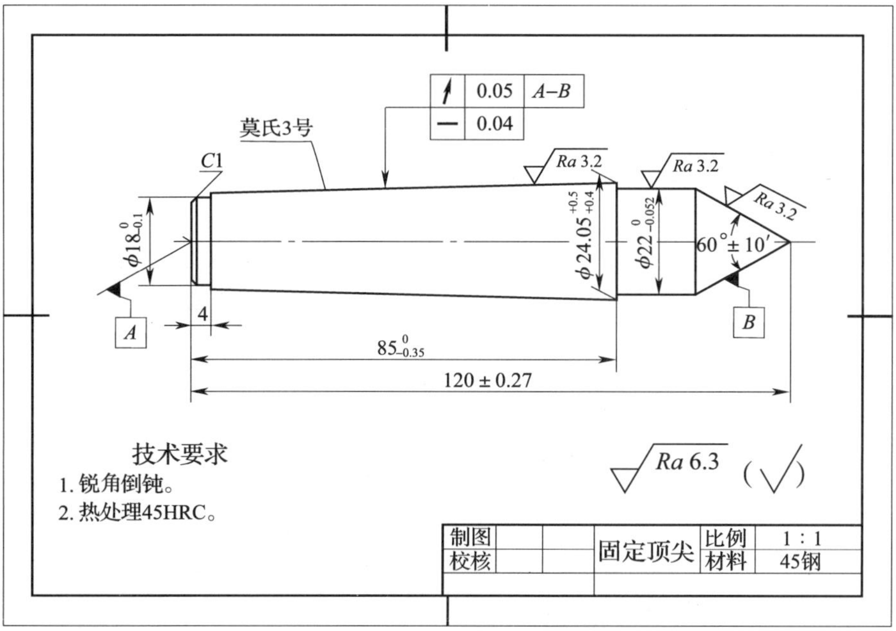

固定顶尖零件图样

1. 本任务所加工固定顶尖零件应选择什么尺寸的毛坯?

2. 零件图样是否有漏掉尺寸或尺寸标注不清，从而影响零件的编程? 若发现问题，应向设计人员或工艺制定部门请示并提出修改意见。

3. 本零件的关键尺寸有哪些? 如何在加工中保证这些关键尺寸? 零件图样所标注的基准都在什么部位?

4．查阅资料，写出固定顶尖零件的莫氏 3 号圆锥的锥度、圆锥锥角和极限偏差。

5．本任务所加工的固定顶尖零件的左端是莫氏 3 号圆锥，右端是 60° ±10′锥度，莫氏 3 号圆锥和 60° ±10′锥度在实际应用中都有特定的作用，查阅资料了解并说明其作用和加工要求。

（1）莫氏 3 号圆锥的作用和加工要求：

（2）60° ±10′锥度的作用和加工要求：

6．从零件图样中找出 [↗ | 0.05 | *A—B*]、[— | 0.04] 这两个几何公差符号，并说明其含义。如加工后未达到以上几何公差精度要求会对零件的使用产生什么影响?

三、刀具选择与工艺制定

1. 根据固定顶尖零件图样，在下图所示刀具中选择合适的数控外轮廓车刀，并说明选用原因。

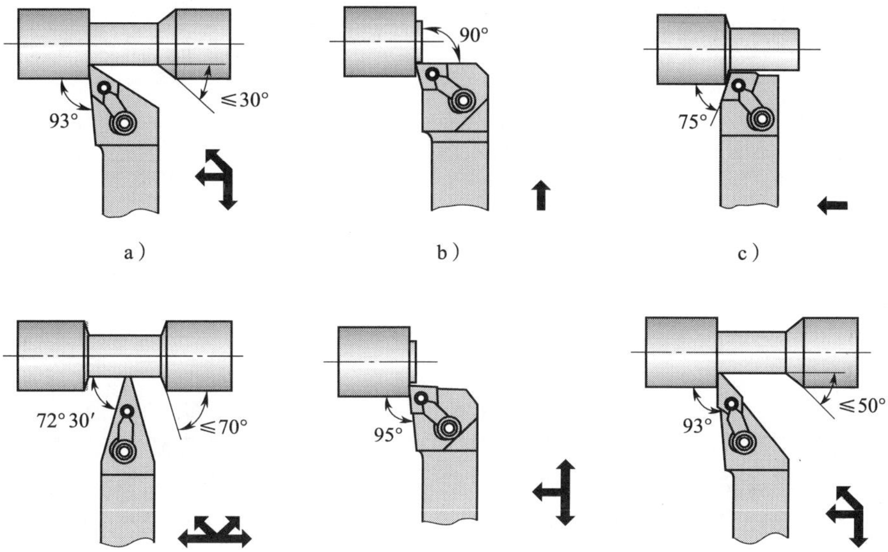

a)　b)　c)　d)　e)　f)

数控刀具

2. 采用问题 1 选择的外轮廓车刀，粗、精加工固定顶尖外轮廓应该选择多大的刀尖半径？为什么？

3. 根据上述分析，填写固定顶尖加工的车削刀具卡。

固定顶尖加工的车削刀具卡

<table>
<tr><td colspan="2">产品名称或代号</td><td colspan="2"></td><td>零件名称</td><td></td><td>零件图号</td><td></td></tr>
<tr><td>刀具号</td><td colspan="3">加工内容</td><td>刀具名称</td><td>刀片型号</td><td>刀尖半径（mm）</td><td>刀具规格（mm × mm）</td></tr>
<tr><td></td><td colspan="3"></td><td></td><td></td><td></td><td></td></tr>
<tr><td></td><td colspan="3"></td><td></td><td></td><td></td><td></td></tr>
<tr><td></td><td colspan="3"></td><td></td><td></td><td></td><td></td></tr>
<tr><td></td><td colspan="3"></td><td></td><td></td><td></td><td></td></tr>
<tr><td>编制</td><td></td><td>审核</td><td></td><td>批准</td><td></td><td>第　页</td><td>共　页</td></tr>
</table>

4. 确定固定顶尖零件的定位基准，合理拟定零件加工的工艺路线并绘制在下图中。

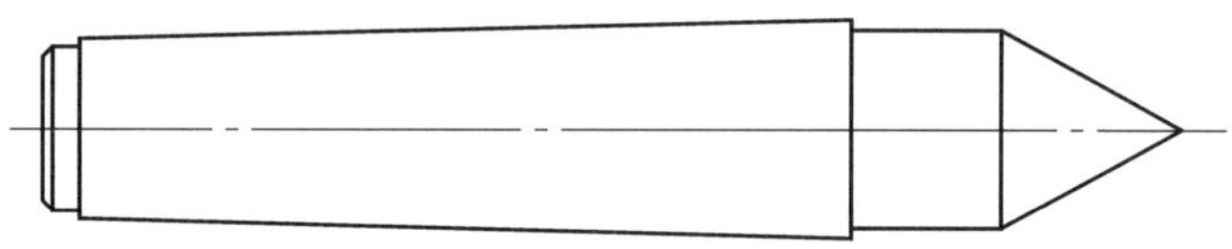

固定顶尖零件加工工艺路线

5. 根据问题 4 设计的工艺路线和问题 3 填写的刀具卡，完成固定顶尖的数控车加工工序卡。

固定顶尖数控车加工工序卡

<table>
<tr><td rowspan="2">单位名称</td><td rowspan="2"></td><td colspan="2">产品名称或代号</td><td colspan="2">零件名称</td><td colspan="2">零件图号</td></tr>
<tr><td colspan="2"></td><td colspan="2"></td><td colspan="2"></td></tr>
<tr><td>工序号</td><td>程序编号</td><td colspan="2">夹具名称</td><td colspan="2">使用设备</td><td colspan="2">车间</td></tr>
<tr><td></td><td></td><td colspan="2"></td><td colspan="2"></td><td colspan="2"></td></tr>
<tr><td>工步号</td><td>工步内容</td><td>刀具号</td><td>刀具规格（mm）</td><td>主轴转速（r/min）</td><td>进给速度（mm/min）</td><td>背吃刀量（mm）</td><td>备注</td></tr>
<tr><td></td><td></td><td></td><td></td><td></td><td></td><td></td><td></td></tr>
<tr><td></td><td></td><td></td><td></td><td></td><td></td><td></td><td></td></tr>
</table>

续表

工步号	工步内容	刀具号	刀具规格(mm)	主轴转速(r/min)	进给速度(mm/min)	背吃刀量(mm)	备注
编制		审核		批准		共　页	第　页

四、程序编制

1. 图形的数学处理就是根据零件图样的要求，按照已确定的加工工艺路线和允许的编程误差计算出数控系统所需输入的数据，试在下图中绘制出固定顶尖的编程坐标系，标出编程原点，然后再手工计算或利用计算机绘图软件计算零件图样基点的坐标值。

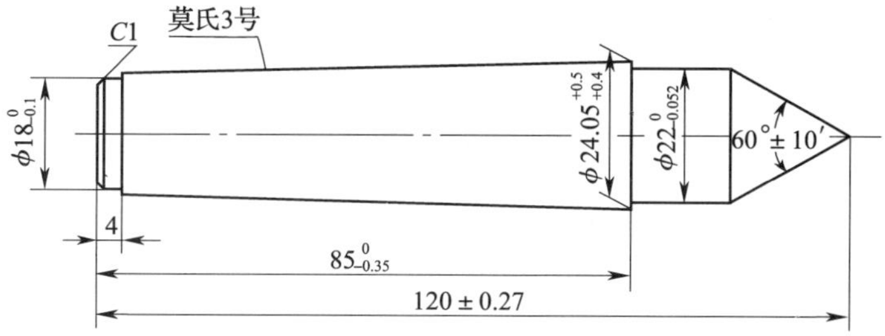

固定顶尖编程坐标系

2. 在数控车加工中，车刀的刀尖不是一个理想点，而是一段半径很小的圆弧，如下图 a 所示，并且在切削加工时，实际切削点与理想切削点的位置有偏差，如下图 b 所示。因此，可能会造成过切或欠切现象，从而影响零件的加工精度。为此，在数控加工中可能要对车刀刀尖半径进行补偿，以保证零件的加工精度。固定顶尖零件的哪些部位需要刀尖半径补偿？为什么？

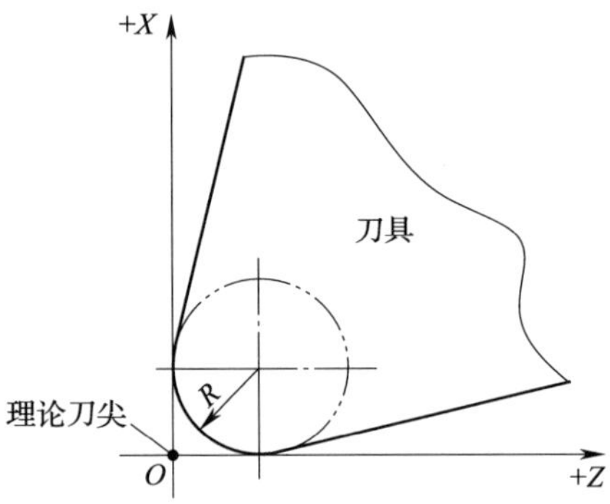

a）车刀刀尖

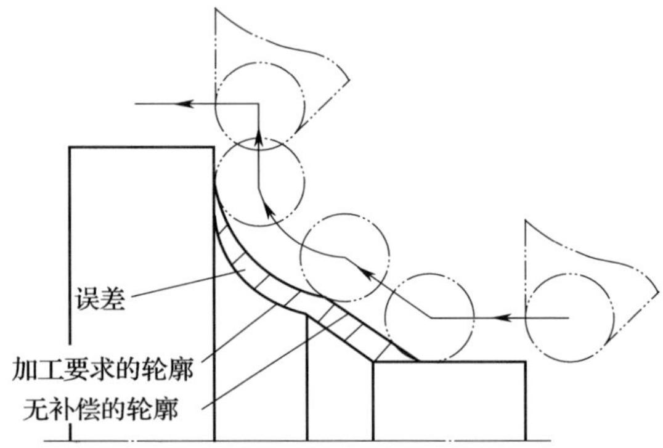

b）实际切削点与理想切削点

3. 数控刀具的形状及其安装位置决定了刀尖圆弧位置。如下图 a 所示，假想刀尖共有 10 种设置，表达了 9 个方向的位置关系。试将下图 b 所示的数控刀具放在对应的刀尖方向号的表格中，并判断其刀架是前置式的还是后置式的。

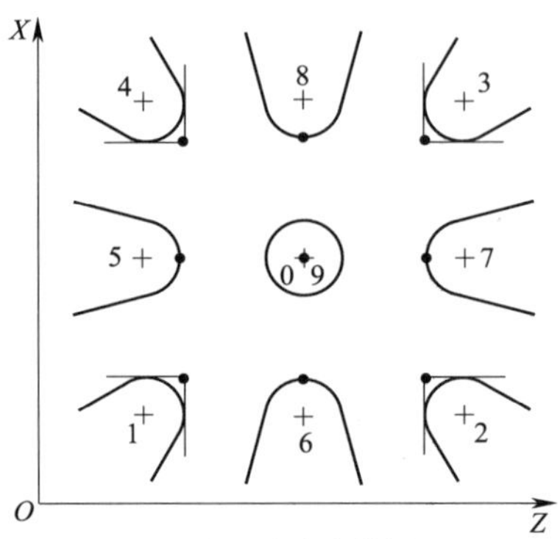

a）刀尖方向位置

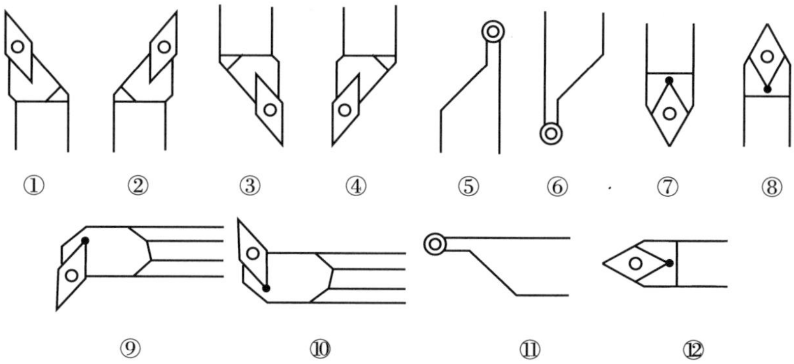

b）数控刀具

刀尖方向与刀架

刀尖方向号	刀尖圆弧位置	后置刀架	前置刀架
0、9			
1	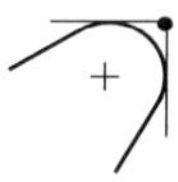		
2	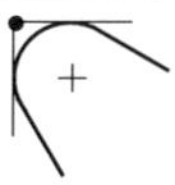		
3	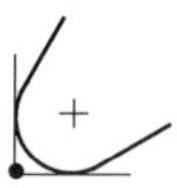		
4	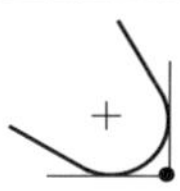		
5	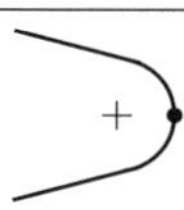		
6	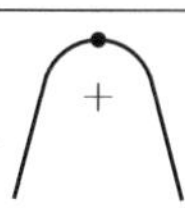		
7			
8			

4．在后置刀架式数控车床中，沿着刀具的运动方向看刀具在工件的左侧为左刀补（G41），刀具在工件的右侧为右刀补（G42），如下图所示。试查阅资料，说明前置刀架的刀具补偿方向如何判断，并画在右侧的图框中。

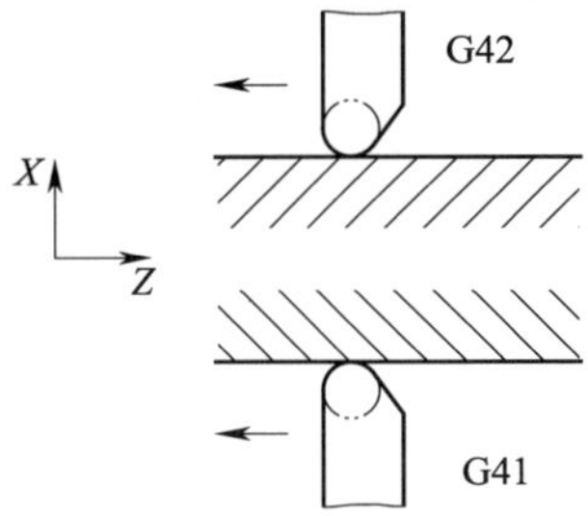

刀补方向

5．查阅编程手册，写出建立或取消刀补指令、内/外径切削循环指令的格式、应用场合，以及固定顶尖加工是怎样应用该指令的。

（1）建立或取消刀补指令（见右图）

1）指令格式：

2）应用场合：

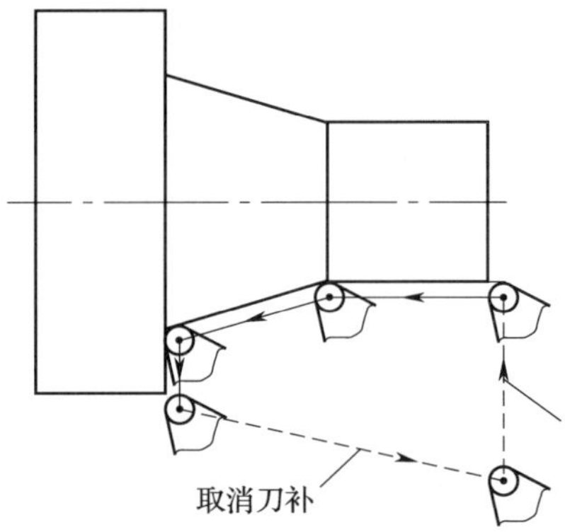

建立或取消刀补指令

3）固定顶尖零件的加工需要用到刀尖半径补偿，试在下图中画出建立与取消刀尖半径补偿的过程。

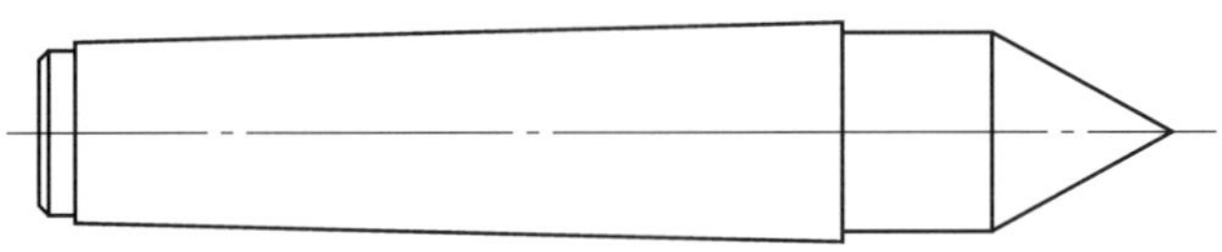

建立与取消刀尖半径补偿

（2）内/外径切削循环指令（见下图）

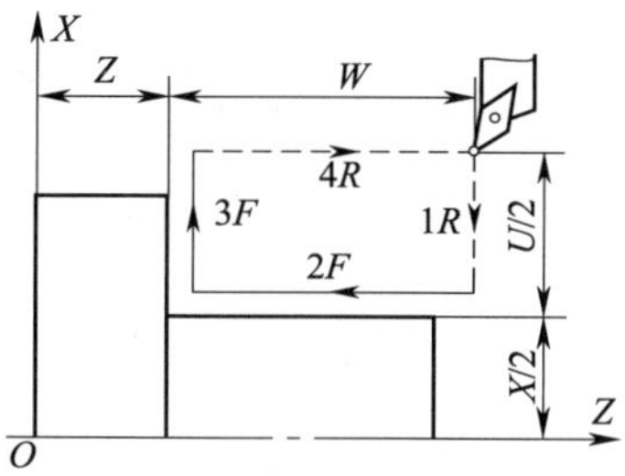

a）圆柱面切削循环

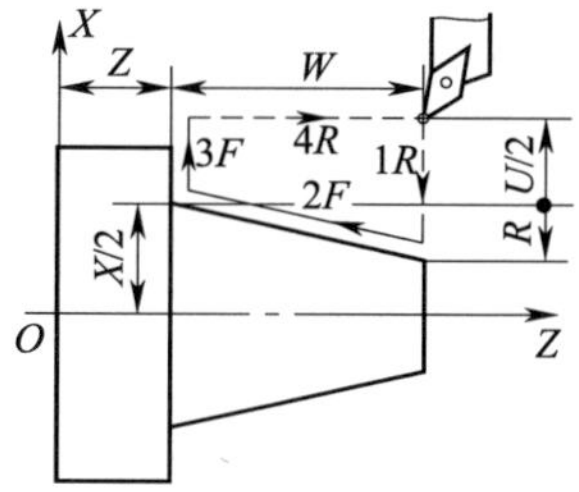

b）圆锥面切削循环

内/外径切削循环指令

1）指令格式：

2）应用场合：

6. 根据“刀具选择与工艺制定”问题5填写的数控车加工工序卡，利用建立或取消刀补指令和内/外径切削循环指令等编写固定顶尖零件的粗、精加工程序，并填入表中。

（1）零件右端加工程序

程序段号	固定顶尖	**O0001;**
	加工程序	程序说明
N5		
N10		
N15		
N20		
N25		

续表

程序段号	固定顶尖 加工程序	O0001; 程序说明
N30		
N35		
N40		
N45		
N50		
N55		
N60		
N65		
N70		
N75		
N80		
N85		
N90		
N95		
N100		
N105		
N110		
N115		
N120		

（2）零件车总长与打中心孔程序

程序段号	固定顶尖	O0002;
	加工程序	程序说明
N5		
N10		
N15		
N20		
N25		
N30		
N35		
N40		
N45		
N50		
N55		
N60		
N65		
N70		
N75		
N80		
N85		
N90		
N95		
N100		
N105		
N110		
N115		
N120		

（3）零件左端加工程序

程序段号	固定顶尖	**O0003；**
	加工程序	程序说明
N5		
N10		
N15		
N20		
N25		
N30		
N35		
N40		
N45		
N50		
N55		
N60		
N65		
N70		
N75		
N80		
N85		
N90		
N95		
N100		
N105		
N110		

学习活动2　固定顶尖模拟加工

学习目标

1. 能遵守机房各项管理规定，并规范使用计算机。

2. 能熟练应用仿真软件的各项功能。

3. 能完成固定顶尖零件的模拟加工。

4. 能根据模拟加工路径，判断程序正确性，并作相应优化。

建议学时　6学时

学习过程

一、模拟加工设置

说明在仿真软件中模拟加工固定顶尖时，如何进行机床类型、夹具类型与装夹位置、毛坯大小与位置、刀具参数的设置。

1. 机床类型设置：

2. 夹具类型与装夹位置设置：

3．毛坯大小与位置设置：

4．刀具参数设置：

二、模拟加工

1．在加工固定顶尖零件时，应如何保证零件的几何精度?

2．运行已编制好的加工程序，观察仿真软件生成的刀具路径（见下图）是否符合固定顶尖零件加工要求。如果不符合要求，记录下来，以便改正。

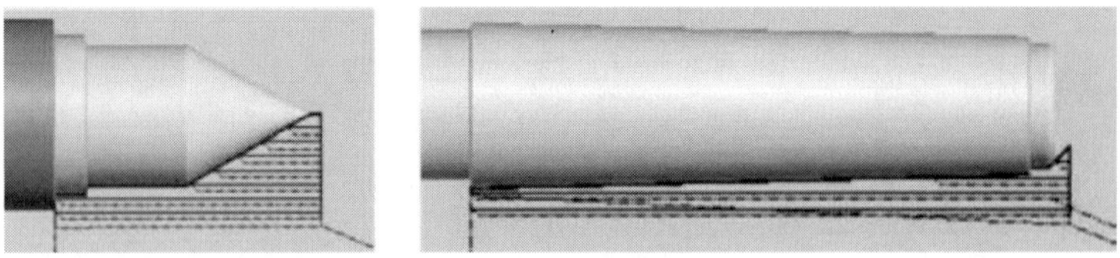

模拟加工刀具路径

不合理 1：

不合理 2：

不合理 3：

3. 根据固定顶尖“模拟加工”问题2中的记录，分析不符合固定顶尖零件加工要求的原因，并在小组讨论中提出预防措施或改进方法，填入表中，以提高加工质量和效率。

固定顶尖模拟加工问题

问题	原因	预防措施或改进方法

4. 案例分析1：固定顶尖零件的右端加工完毕后，通过仿真软件的模拟检验发现锥度60°±10′及外径$\phi 22_{-0.052}^{0}$ mm的数值分别是62.36°、ϕ24.56 mm，该零件能否修复？如果能修复，应该采用什么方法修复？

5. 案例分析2：如果在加工过程中出现超程现象，其原因是什么？应如何处理？

学习活动3　固定顶尖的数控车加工

学习目标

1. 能根据固定顶尖零件图样，确定符合加工技术要求的工、量、夹具和辅件。

2. 能正确装夹工件，并对其进行找正。

3. 能正确装夹数控刀具，运用规范对刀方法，正确建立工件坐标系。

4. 能正确选择本次任务所需的切削液。

5. 能在固定顶尖加工过程中，严格按照数控车床操作规程操作机床。

6. 能根据切削状态调整切削用量，保证正常切削，并适时检测，保证固定顶尖的加工精度。

7. 能在教师的指导下解决数控加工中出现的常见问题。

8. 能按车间现场6S管理和产品工艺流程的要求，正确放置固定顶尖零件并进行质量检验和确认。

9. 能按产品工艺流程和车间管理规定，正确规范地保养机床，进行产品交接并规范填写交接班记录表。

建议学时　22学时

学习过程

一、加工准备

1. 领取工、量、刃具

填写工、量、刃具清单，并领取工、量、刃具。

工、量、刃具清单

序号	名称	规格	数量	备注
1				
2				
3				
4				
5				
6				
7				
8				
9				
10				

2．领取毛坯料

领取毛坯料，并测量毛坯外形尺寸，判断毛坯是否有足够的加工余量。

3．选择切削液

根据加工对象及所用刀具，选择本次加工所用切削液。

4. 开机准备

（1）写出开机后的主要检查工作和准备工作。

（2）加工运行前是否需要检查卡盘夹紧工件的工作状态？为什么？

（3）加工运行前都要预热机床并认真检查润滑系统工作是否正常，这是为什么？

二、零件加工

1. 按照数控车床操作安全规程检查各项均符合要求后，送电开机。
2. 按正确操作顺序，进行回机床参考点操作。
3. 正确装夹工件，并对其进行找正。
4. 正确装夹刀具，确保刀具牢固可靠，并设定主轴转速。
5. 对刀。
6. 程序输入与校验

（1）输入已编制好的固定顶尖数控车削程序，利用数控车床的模拟检验功能判断加工程序的对错，小组讨论修改并完善零件程序，以提高加工效率。

（2）记录程序输入时产生的报警号，并说明产生报警的原因及解决办法。

报警号	报警内容	报警原因	解决办法

7. 自动加工

（1）在加工过程中注意检测零件各部分的尺寸，记录需要进行补偿的测量数据并确定补偿值。

序号	直径测量数据	补偿数据（X 轴磨耗）	长度测量数据	补偿数据（Z 轴磨耗）

（2）加工中注意观察刀具切削情况，记录加工中不合理的因素，以便于纠正，提高工作效率（如切削用量、加工路径是否合理，刀具是否有干涉等）。

固定顶尖加工中遇到的问题

问题	产生原因	预防措施或改进方法

（3）案例分析 1：在加工完固定顶尖零件的 60° ±10′圆锥后，发现 60° ±10′圆锥母线不是直线而是曲线，试分析原因并提出解决方法。

（4）案例分析 2：在加工完固定顶尖零件的莫氏 3 号圆锥后，发现莫氏 3 号圆锥的锥体有振纹，试分析原因并提出解决方法。

三、保养机床、清理场地

加工完毕后，按照图样要求进行自检，正确放置零件，并进行产品交接确认；按照国家环保相关规定和车间要求整理现场，清扫切屑，保养机床，并正确处置废油液等废弃物；按车间规定填写交接班记录和设备日常保养记录卡（见附表）。

学习活动 4　固定顶尖的检验与质量分析

学习目标

1. 能根据固定顶尖图样，合理选择检验工具和量具，确定检测方法。

2. 能正确规范地使用工、量具对固定顶尖进行检验，并对工、量具进行保养和维护。

3. 能根据固定顶尖零件的测量结果，分析误差产生的原因，并提出修改意见。

4. 能按检验室管理要求，正确放置检验用工、量具。

建议学时　4 学时

学习过程

一、明确测量要素，领取检测用工、量具

1. 固定顶尖零件上有哪些要素需要测量?

2. 根据固定顶尖需要测量的要素，写出检测固定顶尖所需工、量具，并填入表中。

检测固定顶尖所需工、量具

序号	名称	规格（精度）	检测内容	备注
1				
2				
3				
4				
5				
6				
7				

二、检测零件，填写固定顶尖零件质量检验单

1. 根据图样要求，自检固定顶尖零件，并完成零件质量检验单。

固定顶尖零件质量检验单

项目	序号	内容	检测结果	结论
外圆	1	$\phi22_{-0.052}^{0}$ mm		
	2	$\phi24.05_{+0.4}^{+0.5}$ mm		
	3	$\phi18_{-0.1}^{0}$ mm		
锥度	4	$60° \pm 10'$		
	5	莫氏 3 号锥度		

续表

项目	序号	内容	检测结果	结论
长度	6	$85_{-0.35}^{0}$ mm		
	7	(120 ±0.27) mm		
	8	4 mm		
圆跳动	9	↗ 0.05 A—B		
直线度	10	— 0.04		
表面质量	11	*Ra*3.2 μm（3 处）		
	12	*Ra*6.3 μm（2 处）		
倒角	13	*C*1 mm		
固定顶尖检测结论				
产生不合格品的情况分析				

2. 案例分析 1：测得固定顶尖零件的直线度误差值为 0.08 mm，分析直线度误差值超差的原因，并提出纠正方法。

3. 案例分析 2：用涂色法检测固定顶尖零件莫氏 3 号锥度的接触面积在 50% 左右（擦拭痕迹靠近小端），分析莫氏 3 号锥度接触面积偏小的原因，并提出纠正方法。

三、提出工艺方案修改意见

对不合格项目进行分析，小组讨论提出工艺方案修改意见。

不合格项目	产生原因	修改意见
锥度不符合要求		
锥面径向尺寸不符合要求		
表面粗糙度达不到要求		

学习活动 5 工作总结与评价

学习目标

1. 能按照固定顶尖加工综合评价表完成自评。

2. 能按分组情况，分别派代表展示工作成果，说明本次任务的完成情况，并作分析总结。

3. 能结合自身任务完成情况，正确规范地撰写工作总结。

4. 能就本次任务中出现的问题，提出改进措施。

5. 能对学习与工作进行反思总结，并能与他人开展良好合作，进行有效沟通。

建议学时 2 学时

学习过程

一、自我评价

固定顶尖加工综合评价表

工件编号		技术要求	配分	总得分		
项目	序号			评分标准	检测记录	得分
仿真过程（10%）	1	仿真软件操作正确	4	熟练程度		
	2	模拟加工设置正确	3	酌情扣分		
	3	程序输入	3	酌情扣分		

续表

工件编号		技术要求	配分	总得分		
项目	序号			评分标准	检测记录	得分
机床操作（20%）	4	正确开启机床、检查	4	不正确、不合理无分		
	5	机床返回参考点	4	不正确、不合理无分		
	6	程序的输入及修改	4	不正确、不合理无分		
	7	程序空运行轨迹检查	4	不正确、不合理无分		
	8	对刀的方式、方法	4	不正确、不合理无分		
程序与工艺（20%）	9	程序格式规范	5	不合格每处扣 2 分		
	10	程序正确、完整	8	不合格每处扣 2 分		
	11	工艺合理	7	不合格每处扣 1 分		
零件质量（40%）	12	$\phi 22_{-0.052}^{0}$ mm	4	超差不得分		
	13	$\phi 24.05_{+0.4}^{+0.5}$ mm	4	超差不得分		
	14	$\phi 18_{-0.1}^{0}$ mm	4	超差不得分		
	15	60° ±10′	4	超差不得分		
	16	莫氏 3 号锥度	5	超差不得分		
	17	$85_{-0.35}^{0}$ mm	2	超差不得分		
	18	（120 ±0.27） mm	2	超差不得分		
	19	4 mm	1	超差不得分		
	20	↗ 0.05 *A—B*	4	超差不得分		
	21	— 0.04	4	超差不得分		
	22	*Ra*3.2 μm（3 处）	3	降级不得分		
	23	*Ra*6.3 μm（2 处）	2	降级不得分		
	24	*C*1 mm	1	超差不得分		
安全文明生产（10%）	25	安全操作	5	不按安全操作规程操作全扣		
	26	机床清理	5	不合格全扣		
总分			100			

二、展示评价（小组评价）

把个人制作好的固定顶尖先进行分组展示，再由小组推荐代表作必要的介绍。在展示过程中，以组为单位进行评价；评价完成后，根据其他组成员对本组展示成果的评价意见进行归纳总结。完成如下项目：

1．展示的固定顶尖符合技术标准吗？

合格□　　不良□　　返修□　　报废□

2．本小组介绍成果表达是否清晰？

很好□　　一般，常补充□　　不清晰□

3．本小组演示的固定顶尖检测方法操作正确吗？

正确□　　部分正确□　　不正确□

4．本小组演示操作时遵循了“6S”的工作要求吗？

符合工作要求□　　忽略了部分要求□　　完全没有遵循□

5．本小组的检测量具、量仪保养完好吗？

良好□　　一般□　　不合要求□

6．本小组的成员团队创新精神如何？

良好□　　一般□　　不足□

三、教师评价

教师对展示的作品分别作评价。

1．找出各组的优点进行点评。

2．对展示过程中各组的缺点进行点评，提出改进方法。

3．对整个任务完成中出现的亮点和不足进行点评。

四、总结提升

1．根据固定顶尖加工质量及完成情况，分析固定顶尖编程与加工中的不合理处及其原因并提出改进意见，填入表中。

固定顶尖加工不合理处及改进意见

序号	工作内容	不合理处	不合理的原因	改进意见
1	零件工艺处理与编程			
2	零件数控车加工			
3	零件质量			

2. 试结合自身任务完成情况，通过交流讨论等方式较全面规范地撰写本次任务的工作总结。

工作总结（心得体会）

评价与分析

学习任务二评价表

班级：__________　　　　学生姓名：__________　　　　学号：________

项目	自我评价			小组评价			教师评价		
	10～9	8～6	5～1	10～9	8～6	5～1	10～9	8～6	5～1
	占总评 10%			占总评 30%			占总评 60%		
学习活动 1									
学习活动 2									
学习活动 3									
学习活动 4									
学习活动 5									
表达能力									
协作精神									
纪律观念									
工作态度									
分析能力									
操作规范性									
任务总体表现									
小计									
总评									

任课教师：________　　年　　月　　日

学习任务三　螺纹轴的数控车加工

学习目标

1. 能遵守机房各项管理规定，并规范使用计算机。

2. 能按照数控加工车间安全防护规定，正确穿戴劳保用品，严格执行安全操作规程。

3. 能进行螺纹参数计算。

4. 能根据螺纹轴零件图样，正确编制螺纹轴零件的数控车加工工序卡。

5. 能对螺纹轴零件进行编程前的数学处理。

6. 能编制螺纹轴零件的数控车加工程序，并绘制刀具路径图。

7. 能熟练应用仿真软件各项功能，完成螺纹轴零件的模拟加工，并能根据模拟测量结果完善程序。

8. 能根据螺纹轴零件图样，查阅相关资料，确定符合加工技术要求的工、量、夹具和辅件。

9. 能应用数控车床的模拟检验功能，检查程序编写中的错误，并对程序进行优化。

10. 能正确装夹螺纹车刀、外车槽刀等，并在数控车床上实现螺纹车刀、外车槽刀的规范对刀。

11. 能根据切削状态调整切削用量，保证正常切削，并适时检测，保证螺纹轴加工精度。

12. 能独立完成螺纹轴零件的数控车加工任务，并在教师的指导下解决加工中出现的常见问题。

13. 能规范、熟练地使用常用量具，对螺纹轴零件进行检测，判断加工质量，并根据测量结果，分析误差产生的原因，提出修改意见。

14. 能按车间现场6S管理和产品工艺流程的要求，正确放置螺纹轴零件，整理现场、保养机床，进行产品交接并规范填写交接班记录表。

15. 能主动获取有效信息，展示工作成果，对学习与工作进行反思总结，并能与他人开展良好合作，进行有效的沟通。

建议学时

40 学时

工作情境描述

某企业设计的一款新型设备的生产，需要一批螺纹轴零件，数量为 30 件，要求在 10 天内完成，包工包料。现生产部门委托我校数控车工组来承接此加工任务。

螺纹轴实体图

工作流程与活动

1. 螺纹轴加工工艺分析与编程
2. 螺纹轴模拟加工
3. 螺纹轴的数控车加工
4. 螺纹轴的检验与质量分析
5. 工作总结与评价

学习活动 1　螺纹轴加工工艺分析与编程

学习目标

1. 能进行螺纹参数计算。

2. 能根据加工工艺、零件材料、螺纹牙型特征等选择刀具和刀具几何参数，并确定加工三角形螺纹的切削用量。

3. 能根据零件图样，正确编制螺纹轴零件的数控车加工工序卡。

4. 能对螺纹轴零件进行编程前的数学处理。

5. 能编制螺纹轴零件的数控车加工程序，并绘制刀具路径图。

建议学时　6 学时

学习过程

一、阅读生产任务单

螺纹轴生产任务单

单位名称				完成时间	年　月　日	
序号	产品名称	材料	生产数量	技术标准、质量要求		
1	螺纹轴	45 钢	30 件	按图样要求		
2						
3						
生产批准时间		年　月　日	批准人			
通知任务时间		年　月　日	发单人			
接单时间		年　月　日	接单人		生产班组	数控车工组

注：生产任务单与零件图样等一起领取。

1．列举你所见过的应用螺纹轴的产品，并回顾螺纹轴的主要应用场合及其所起的作用？除本任务采用的45钢外，还有哪些材料可用来制作螺纹轴？

2．本生产任务工期为10天，试依据任务要求，制订合理的工作进度计划，并根据小组成员的特点进行分工。

序号	工作内容	时间	成员	负责人
1	工艺分析			
2	编制程序			
3	程序检验			
4	车削加工			
5	成品检验与 质量分析			

二、图样分析

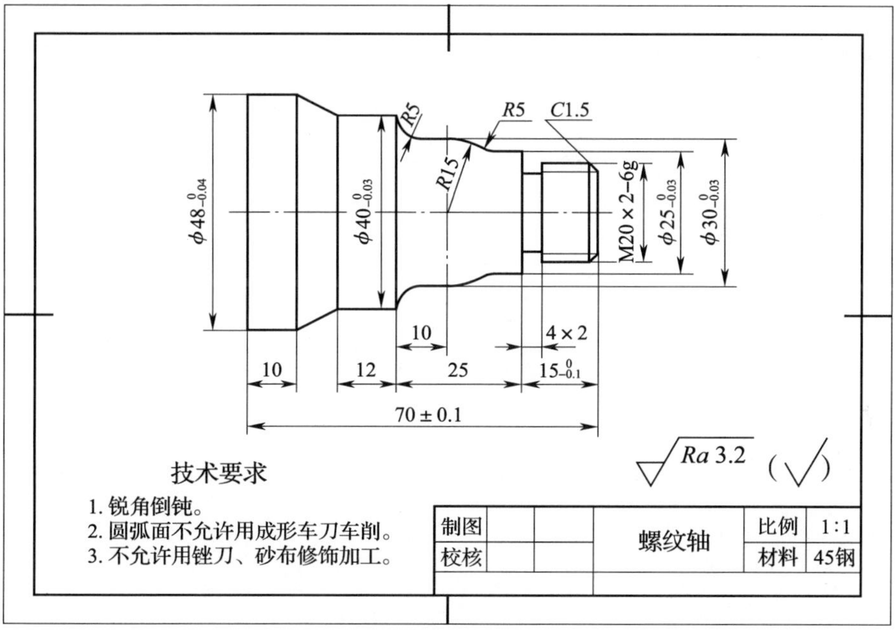

螺纹轴零件图样

1. 本任务所加工的螺纹轴零件应选择什么尺寸的毛坯?

2. 零件图上有无漏掉某尺寸或尺寸标注不清，从而影响零件的编程。若发现问题，应向设计人员或工艺制定部门请示并提出修改意见。

3. 本任务所加工螺纹轴零件的右端是 M20×2—6g 的普通三角形螺纹，查阅资料，了解并说明普通三角形螺纹的作用和加工要求。

4. 在螺纹切削时，由于刀具的挤压常会使最后加工出来的顶径产生塑性膨胀，从而影响螺纹的装配和正常使用，所以螺纹车削前的螺纹大径应车至比公称直径小 0. 13 P，以保证车削后的螺纹牙顶处有 0. 125 P 的宽度。计算本任务的螺纹轴零件的螺纹大径应是多少。

5. 找出螺纹轴零件图样上尺寸精度及表面结构要求较高的加工表面。

6. 根据问题 5 的结果，判断能否利用数控车加工达到尺寸精度及表面结构要求，需要采取什么工艺方法?

三、刀具选择与工艺制定

1. 根据螺纹轴零件图样，在下图所示刀具中选择合适的数控外轮廓车刀，并说明选用原因。

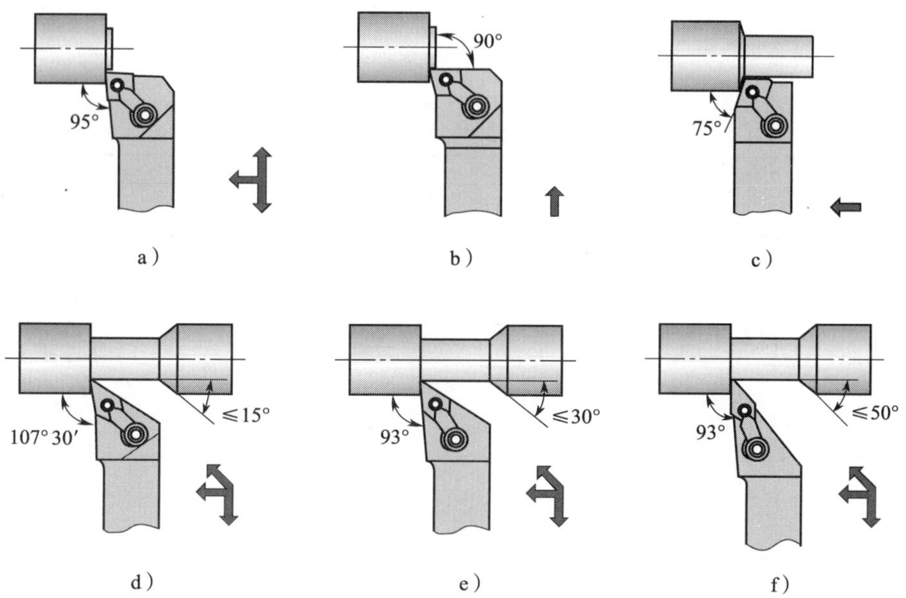

数控刀具

2. 采用问题 1 选择的外轮廓车刀，粗、精加工螺纹轴外轮廓各应选择多大的刀尖半径？为什么？

3．通过观看数控车加工的教学视频、有关图片或者查阅资料，判断下表中图例所示刀架类型和外车槽刀类型。

判断刀架类型和外车槽刀类型

序号	图例	刀架类型	外车槽刀类型
1	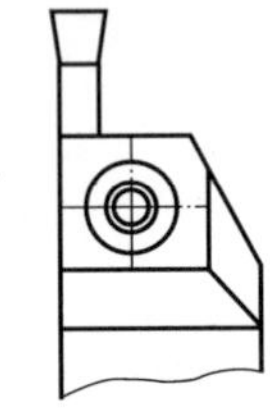	□前置刀架 □后置刀架	□右手车槽刀 □左手车槽刀
2	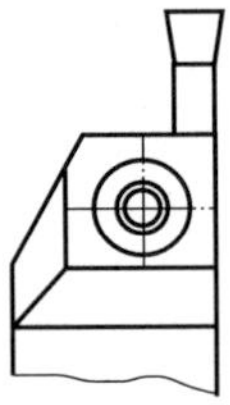	□前置刀架 □后置刀架	□右手车槽刀 □左手车槽刀
3	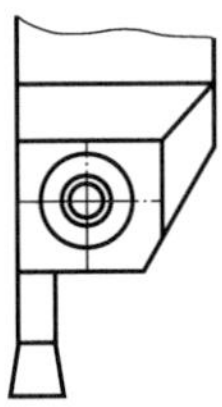	□前置刀架 □后置刀架	□右手车槽刀 □左手车槽刀
4	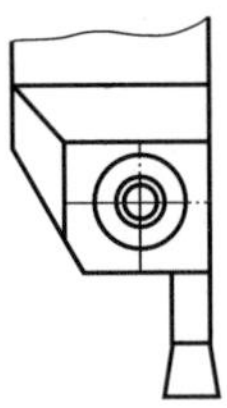	□前置刀架 □后置刀架	□右手车槽刀 □左手车槽刀

4．本任务中，螺纹轴零件的退刀槽需要用右手车槽刀还是左手车槽刀加工，为什么？

5．通过观看数控车加工的教学视频、有关图片或者查阅资料，判断下表中图例所示刀架类型、所加工螺纹的旋向及螺纹车刀类型。

判断刀架类型、螺纹旋向及螺纹车刀类型

序号	图例	刀架类型	螺纹旋向	螺纹车刀类型
1	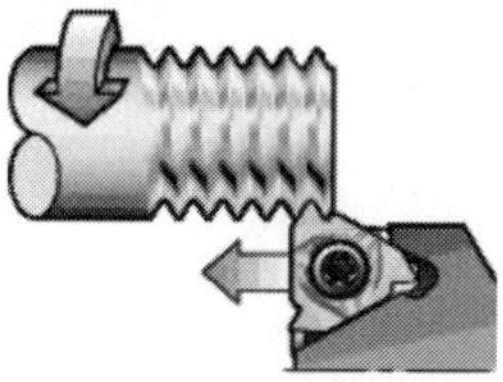	□前置刀架 □后置刀架	□右旋螺纹 □左旋螺纹	□右手螺纹车刀 □左手螺纹车刀
2	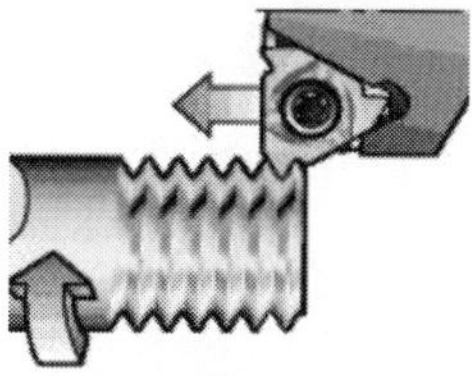	□前置刀架 □后置刀架	□右旋螺纹 □左旋螺纹	□右手螺纹车刀 □左手螺纹车刀
3	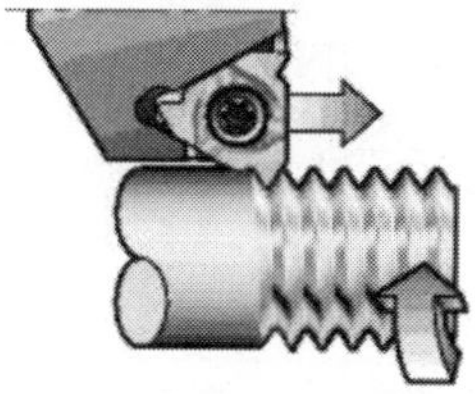	□前置刀架 □后置刀架	□右旋螺纹 □左旋螺纹	□右手螺纹车刀 □左手螺纹车刀
4	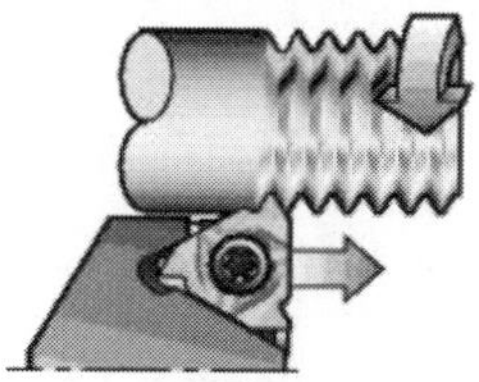	□前置刀架 □后置刀架	□右旋螺纹 □左旋螺纹	□右手螺纹车刀 □左手螺纹车刀
5	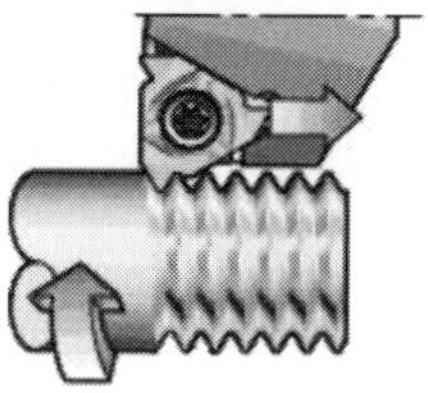	□前置刀架 □后置刀架	□右旋螺纹 □左旋螺纹	□右手螺纹车刀 □左手螺纹车刀
6	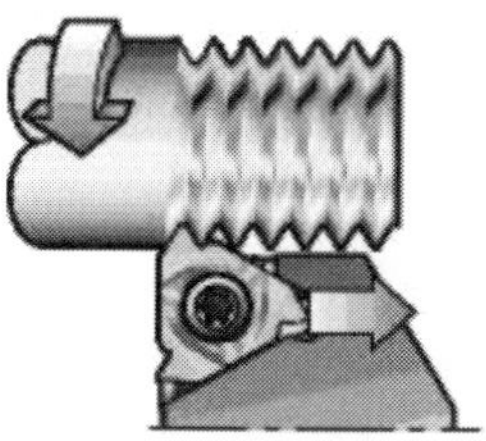	□前置刀架 □后置刀架	□右旋螺纹 □左旋螺纹	□右手螺纹车刀 □左手螺纹车刀

6. 本任务中，螺纹轴零件的三角形螺纹需要用右手螺纹车刀还是左手螺纹车刀加工?为什么?

7. 通过观看数控车加工的教学视频或者查阅资料，计算螺纹轴零件的三角形螺纹牙深，以及需要几刀才能车削至螺纹牙深，每一刀的背吃刀量是多少。

8. 根据上述分析，完成螺纹轴加工的车削刀具卡。

螺纹轴加工的车削刀具卡

<table>
<tr><td colspan="2">产品名称或代号</td><td></td><td>零件名称</td><td></td><td>零件图号</td><td colspan="2"></td></tr>
<tr><td>刀具号</td><td colspan="2">加工内容</td><td>刀具名称</td><td>刀片型号</td><td>刀尖半径
(mm)</td><td colspan="2">刀具规格
(mm × mm)</td></tr>
<tr><td></td><td colspan="2"></td><td></td><td></td><td></td><td colspan="2"></td></tr>
<tr><td></td><td colspan="2"></td><td></td><td></td><td></td><td colspan="2"></td></tr>
<tr><td></td><td colspan="2"></td><td></td><td></td><td></td><td colspan="2"></td></tr>
<tr><td></td><td colspan="2"></td><td></td><td></td><td></td><td colspan="2"></td></tr>
<tr><td></td><td colspan="2"></td><td></td><td></td><td></td><td colspan="2"></td></tr>
<tr><td></td><td colspan="2"></td><td></td><td></td><td></td><td colspan="2"></td></tr>
<tr><td>编制</td><td></td><td>审核</td><td></td><td>批准</td><td></td><td>第　页</td><td>共　页</td></tr>
</table>

9. 确定螺纹轴零件的定位基准，合理拟定零件加工的工艺路线并在图中绘出。

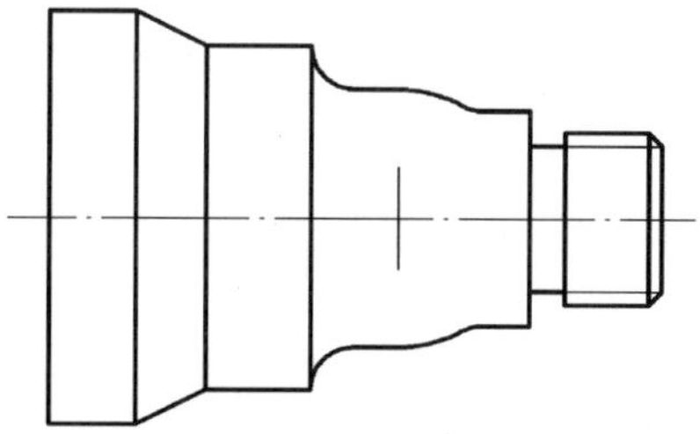

螺纹轴零件加工工艺路线

10. 根据问题9设计的工艺路线和问题8填写的刀具卡，完成螺纹轴数控车加工工序卡。

螺纹轴数控车加工工序卡

单位名称		产品名称或代号		零件名称		零件图号	
工序号	程序编号	夹具名称		使用设备		车间	
工步号	工步内容	刀具号	刀具规格(mm)	主轴转速(r/min)	进给速度(mm/min)	背吃刀量(mm)	备注
编制		审核		批准		共　页	第　页

四、程序编制

1．在下图中绘制出螺纹轴编程坐标系，并标出编程原点。

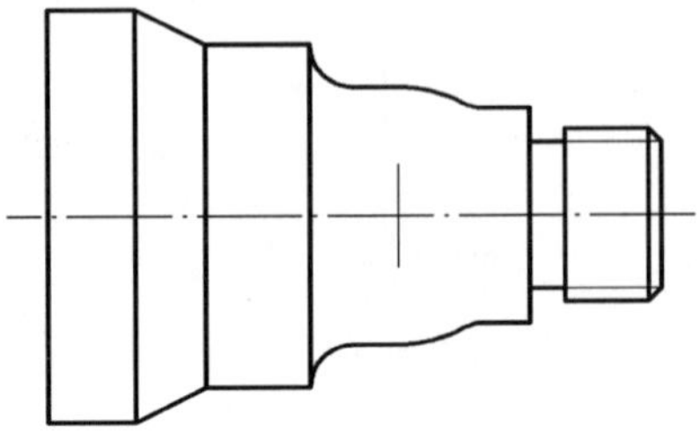

螺纹轴编程坐标系

2．螺纹轴零件右端由 $R5$ mm、$R15$ mm、$R5$ mm 三段圆弧和一段直线光滑连接而成，试根据下图中给出的已知条件手工计算或利用计算机绘图软件计算零件图样基点的坐标值。

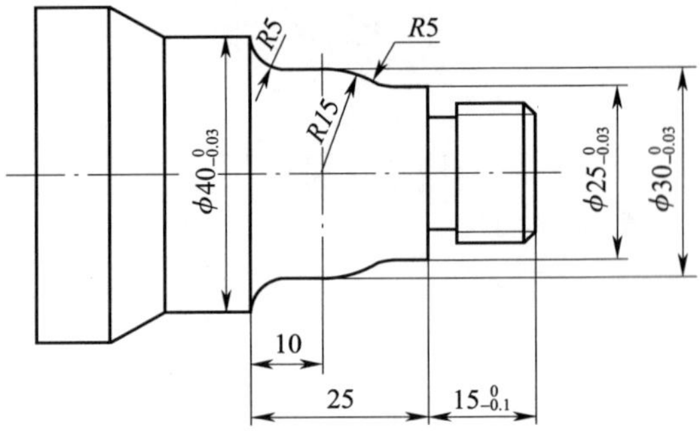

螺纹轴零件

3．查阅编程手册，写出粗车固定循环指令、螺纹切削指令、螺纹切削循环指令的格式、应用场合，以及螺纹轴加工是怎样应用以上指令的。

（1）粗车固定循环指令（见右图）

1）指令格式：

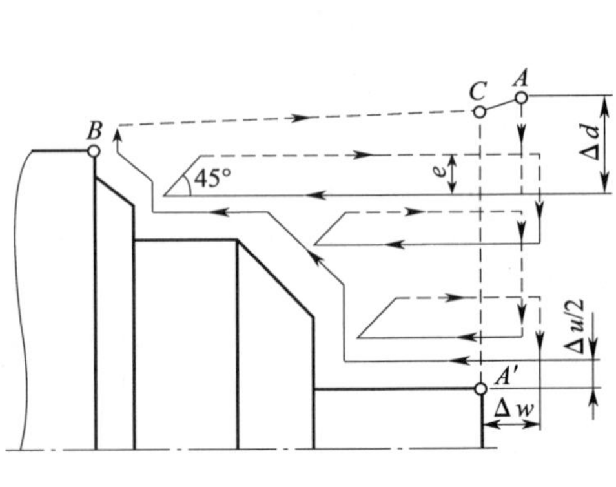

粗车固定循环指令

2）应用场合：

3）根据“刀具选择与工艺制定”问题 10 填写的数控车加工工序卡，利用所学的粗车固定循环指令编写螺纹轴零件外轮廓的粗加工程序，并填入表中。

螺纹轴零件外轮廓的粗加工程序

程序段号	程序	程序段号	程序

（2）螺纹切削指令（见右图）

1）指令格式：

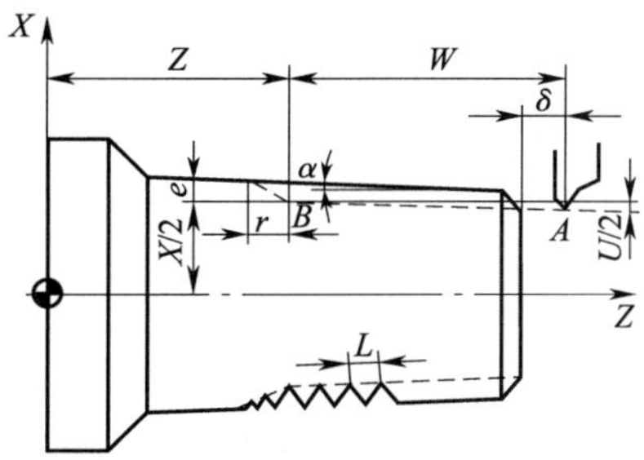

螺纹切削指令

2）应用场合：

3）螺纹轴零件的外螺纹是 M20×2—6g，试根据“刀具选择与工艺制定”问题 10 填写的数控车加工工序卡，利用所学的螺纹切削指令编写螺纹轴零件螺纹的粗、精加工程序，并填入表中。

螺纹轴零件螺纹的粗、精加工程序

程序段号	程序	程序段号	程序

（3）螺纹切削循环指令（见右图）

1）指令格式：

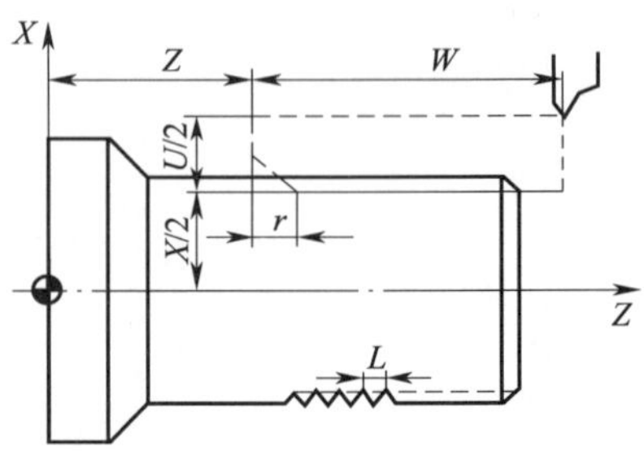

螺纹切削循环指令

2）应用场合：

3）根据“刀具选择与工艺制定”问题 10 填写的数控车加工工序卡，利用所学的螺纹切削循环指令编写螺纹轴零件螺纹的粗、精加工程序，并填入表中。

螺纹轴零件螺纹的粗、精加工程序

程序段号	程序	程序段号	程序

4. 螺纹轴零件的加工需要用到刀尖半径补偿，试在下图中画出建立刀尖半径补偿与取消刀尖半径补偿的过程。

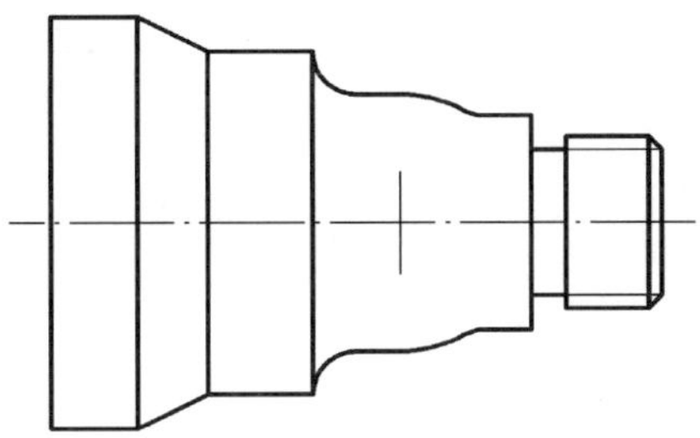

建立与取消刀尖半径补偿

5. 在螺纹加工轨迹中，应设置足够的升速进刀段 δ_1 和降速退刀段 δ_2，以消除伺服滞后造成的螺距误差，如下图所示。在螺纹轴零件加工的程序中，如何实现升速进刀段 δ_1 和降速退刀段 δ_2？

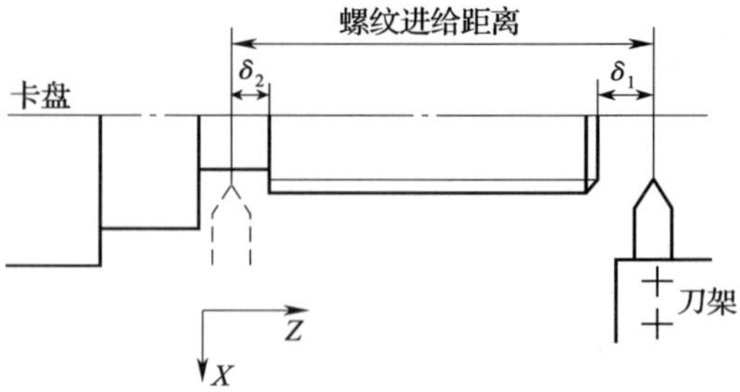

升速进刀段和降速退刀段

6. 根据螺纹轴零件图样及编程分析，编写螺纹轴数控车加工程序并填入表中。

（1）零件左端加工程序

程序段号	螺纹轴	O0001；
	加工程序	程序说明
N5		
N10		
N15		
N20		
N25		
N30		
N35		
N40		
N45		
N50		
N55		
N60		
N65		
N70		
N75		
N80		
N85		
N90		
N95		
N100		

（2）零件车总长与打中心孔程序

程序段号	螺纹轴	O0002;
	加工程序	程序说明
N5		
N10		
N15		
N20		
N25		
N30		
N35		
N40		
N45		
N50		
N55		
N60		
N65		
N70		
N75		
N80		
N85		
N90		
N95		
N100		
N105		
N110		

（3）零件右端加工程序

程序段号	螺纹轴	O0003；
	加工程序	程序说明
N5		
N10		
N15		
N20		
N25		
N30		
N35		
N40		
N45		
N50		
N55		
N60		
N65		
N70		
N75		
N80		
N85		
N90		
N95		
N100		
N105		
N110		
N115		
N120		
N125		

续表

程序段号	螺纹轴	O0003;
	加工程序	程序说明
N130		
N135		
N140		
N145		
N150		
N155		
N160		
N165		
N170		
N175		
N180		
N185		
N190		
N195		
N200		
N205		
N210		
N215		
N220		
N225		
N230		
N235		
N240		
N245		
N250		

学习活动2　螺纹轴模拟加工

学习目标

1. 能遵守机房各项管理规定，并规范使用计算机。

2. 能熟练应用仿真软件的各项功能。

3. 能完成螺纹轴零件的模拟加工。

4. 能根据模拟加工路径，判断程序正确性，并作相应优化。

建议学时　6学时

学习过程

一、模拟加工设置

1. 说明在仿真软件中模拟加工螺纹轴时，如何进行机床类型、夹具类型与装夹位置、毛坯大小与位置、刀具参数的设置。

（1）机床类型设置：

（2）夹具类型与装夹位置设置：

（3）毛坯大小与位置设置：

（4）刀具参数设置：

2. 螺纹轴零件加工时需要调头装夹，一般应装夹在什么位置？

二、模拟加工

1. 如图所示，外车槽刀有左、右两个刀位点。通常在整个加工程序中应采用同一个刀位点，这样对刀和编程都比较方便，你认为采用哪个刀位点对刀较合理？为什么？

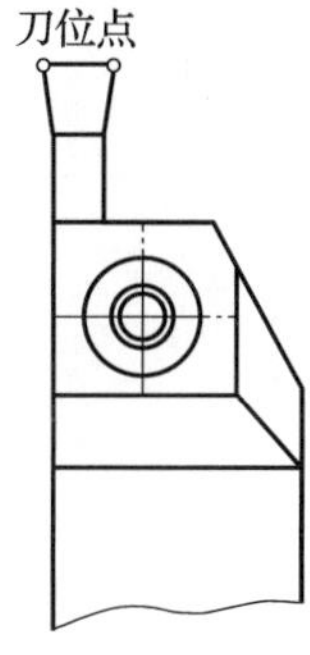

外车槽刀

2. 螺纹车刀的刀尖不能对毛坯进行“*Z* 轴”方向的试切削，那么螺纹车刀“*Z* 轴”方向应如何对刀？写出螺纹车刀对刀的主要操作步骤。

3. 运行已编制好的加工程序，观察仿真软件生成的刀具路径（见下图）是否符合螺纹轴加工要求。如果不符合要求，记录下来，以便改正。

不合理1：

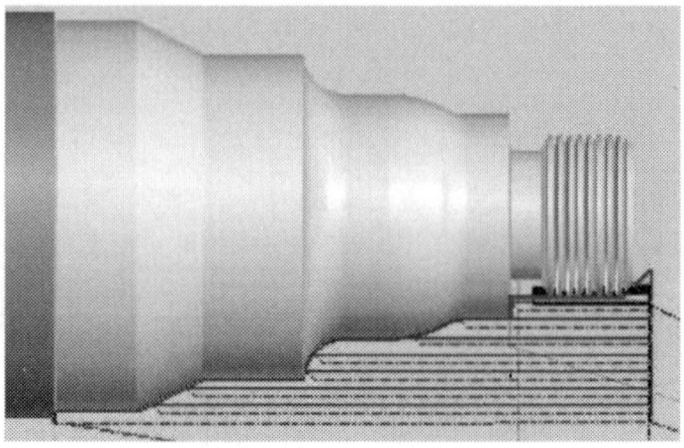

模拟加工刀具路径

不合理2：

不合理3：

4. 根据螺纹轴“模拟加工”问题3中的记录，分析不符合螺纹轴加工要求的原因，并在小组讨论中提出预防措施或改进方法，填入表中，以提高加工质量和效率。

螺纹轴模拟加工问题

问题	原因	预防措施或改进方法

5. 案例分析：螺纹轴零件的外轮廓模拟加工完毕后，通过仿真软件的模拟检验发现 $\phi25_{-0.03}^{0}$ mm、$\phi30_{-0.03}^{0}$ mm、$\phi40_{-0.03}^{0}$ mm、$\phi48_{-0.04}^{0}$ mm 分别为 ϕ25.26 mm、ϕ30.20 mm、ϕ40.26 mm、ϕ48.24 mm，该零件能否修复？如果能修复，应该采用什么方法修复？

6. 在螺纹加工中，主轴转速不一致会引起什么后果？可以用什么办法避免？

学习活动3　螺纹轴的数控车加工

学习目标

1. 能根据螺纹轴零件图样，确定符合加工技术要求的工、量、夹具和辅件。

2. 能正确装夹工件，并对其进行找正。

3. 能正确装夹螺纹车刀、外车槽刀等，并在数控车床上实现螺纹车刀、外车槽刀等的规范对刀。

4. 能正确选择本次任务所需的切削液。

5. 能在螺纹轴加工过程中，严格按照数控车床操作规程操作机床。

6. 能根据切削状态调整切削用量，保证正常切削，并适时检测，保证螺纹轴加工精度。

7. 能在教师的指导下解决加工中出现的常见问题。

8. 能按车间现场6S管理和产品工艺流程的要求，正确放置螺纹轴零件并进行质量检验和确认。

9. 能按产品工艺流程和车间管理规定，正确规范地保养机床，进行产品交接并规范填写交接班记录表。

建议学时　22学时

学习过程

一、加工准备

1. 领取工、量、刃具

填写工、量、刃具清单，并领取工、量、刃具。

工、量、刃具清单

序号	名称	规格	数量	备注
1				
2				
3				
4				
5				
6				
7				
8				
9				
10				

2．领取毛坯料

领取毛坯料，并测量毛坯外形尺寸，判断毛坯是否有足够的加工余量。

3．选择切削液

根据加工对象及所用刃具，选择本次加工所用切削液。

4. 开机准备

（1）螺纹车刀安装得正确与否，对螺纹牙型有很大的影响。查阅资料，说明螺纹车刀的安装要求有哪些。

（2）外螺纹车刀的对刀方法与90°外圆车刀的对刀方法是否相同？如果不同，外螺纹车刀应如何对刀？

二、零件加工

1. 按照数控车床操作安全规程检查各项均符合要求后，送电开机。

2. 按正确操作顺序，进行回机床参考点操作。

3. 正确装夹工件，并对其进行找正。

4. 正确装夹刀具，确保刀具牢固可靠，并设定主轴手动转速。

5. 对刀

6. 程序输入与校验

（1）输入并调试螺纹轴数控车削加工程序。

（2）记录程序输入时产生的报警号，并说明产生报警的原因及解决办法。

报警号	报警内容	报警原因	解决办法

7. 自动加工

（1）加工中注意观察刀具切削情况，记录加工中不合理的因素，以便于纠正，提高工作效率（如切削用量、加工路径是否合理，刀具是否有干涉等）。

螺纹轴加工中遇到的问题

问题	产生原因	预防措施或改进方法

（2）案例分析：在加工螺纹轴零件外螺纹过程中，刀具出现严重磨损，需要重新修磨后才能车削，该螺纹能否修复？如果能修复，说明修复的方法。

三、保养机床、清理场地

加工完毕后，按照图样要求进行自检，正确放置零件，并进行产品交接确认；按照国家环保相关规定和车间要求整理现场，清扫切屑，保养机床，并正确处置废油液等废弃物；按车间规定填写交接班记录和设备日常保养记录卡（见附表）。

学习活动4　螺纹轴的检验与质量分析

学习目标

1. 能根据螺纹轴图样，合理选择检验工具和量具，确定检测方法。

2. 能正确规范地使用工、量具对螺纹轴进行检验，并对工、量具进行保养和维护。

3. 能根据螺纹轴零件的测量结果，分析误差产生的原因，并提出修改意见。

4. 能按检验室管理要求，正确放置检验用工、量具。

建议学时　4学时

学习过程

一、明确测量要素，领取检测用工、量具

1. 螺纹轴零件上有哪些要素需要测量?

2. 根据螺纹轴需要测量的要素，写出检测螺纹轴所需工、量具，并填入表中。

检测螺纹轴所需工、量具

序号	名称	规格（精度）	检测内容	备注
1				
2				
3				
4				
5				
6				
7				

二、检测零件，填写螺纹轴零件质量检验单

1. 根据图样要求，自检螺纹轴零件，并完成零件质量检验单。

螺纹轴零件质量检验单

项目	序号	内容	检测结果	结论
外圆	1	$\phi25_{-0.03}^{0}$ mm		
	2	$\phi30_{-0.03}^{0}$ mm		
	3	$\phi40_{-0.03}^{0}$ mm		
	4	$\phi48_{-0.04}^{0}$ mm		
螺纹	5	M20×2—6 g		

续表

项目	序号	内容	检测结果	结论
长度	6	$15_{-0.1}^{0}$ mm		
	7	（70 ±0.1） mm		
	8	4 mm ×2 mm		
	9	25 mm		
圆弧	10	*R*5 mm（2 处）		
	11	*R*15 mm		
表面质量	12	*Ra*3.2 μm（12 处）		
倒角	13	*C*1.5 mm		
螺纹轴检测结论				
产生不合格品的情况分析				

2. 案例分析 1：通过半径样板（R 规）检测螺纹轴零件圆弧尺寸 *R*15 mm 的接触面积偏小，分析圆弧尺寸 *R*15 mm 接触面积不合格的原因，并提出纠正方法。

3．案例分析 2：通过螺纹环规检测螺纹轴零件的外螺纹 M20 × 2—6 g，止规能拧入或通规不能拧入，分析螺纹产生误差的原因，并提出纠正方法。

三、提出工艺方案修改意见

对不合格项目进行分析，小组讨论提出工艺方案修改意见。

不合格项目	产生原因	修改意见
螺纹牙顶过尖		
螺纹牙顶过平		
螺纹牙型半角不正确		
表面粗糙度达不到要求		
螺距误差		

学习活动 5　工作总结与评价

学习目标

1. 能按照螺纹轴加工综合评价表完成自评。

2. 能按分组情况，分别派代表展示工作成果，说明本次任务的完成情况，并作分析总结。

3. 能结合自身任务完成情况，正确规范地撰写工作总结。

4. 能就本次任务中出现的问题，提出改进措施。

5. 能对学习与工作进行反思总结，并能与他人开展良好合作，进行有效沟通。

建议学时　2 学时

学习过程

一、自我评价

螺纹轴加工综合评价表

工件编号		技术要求	配分	总得分		
项目	序号			评分标准	检测记录	得分
仿真过程（10%）	1	仿真软件操作正确	4	熟练程度		
	2	模拟加工设置正确	3	酌情扣分		
	3	程序输入	3	酌情扣分		

续表

工件编号				总得分		
项目	序号	技术要求	配分	评分标准	检测记录	得分
机床操作（20%）	4	正确开启机床、检查	4	不正确、不合理无分		
	5	机床返回参考点	4	不正确、不合理无分		
	6	程序的输入及修改	4	不正确、不合理无分		
	7	程序空运行轨迹检查	4	不正确、不合理无分		
	8	对刀的方式、方法	4	不正确、不合理无分		
程序与工艺（20%）	9	程序格式规范	5	不合格每处扣 2 分		
	10	程序正确、完整	8	不合格每处扣 2 分		
	11	工艺合理	7	不合格每处扣 1 分		
零件质量（40%）	12	$\phi25_{-0.03}^{0}$ mm	4	超差不得分		
	13	$\phi30_{-0.03}^{0}$ mm	4	超差不得分		
	14	$\phi40_{-0.03}^{0}$ mm	4	超差不得分		
	15	$\phi48_{-0.04}^{0}$ mm	4	超差不得分		
	16	M20×2—6 g	5	超差不得分		
	17	$15_{-0.1}^{0}$ mm	2	超差不得分		
	18	(70±0.1) mm	2	超差不得分		
	19	4 mm×2 mm	1	超差不得分		
	20	25 mm	1	超差不得分		
	21	*R*5 mm（2 处）	4	超差不得分		
	22	*R*15 mm	2	超差不得分		
	23	*Ra*3.2 μm（12 处）	6	降级不得分		
	24	*C*1.5 mm	1	超差不得分		
安全文明生产（10%）	25	安全操作	5	不按安全操作规程操作全扣		
	26	机床清理	5	不合格全扣		
总分			100			

二、展示评价（小组评价）

把个人制作好的螺纹轴先进行分组展示，再由小组推荐代表作必要的介绍。在展示过程中，以组为单位进行评价；评价完成后，根据其他组成员对本组展示成果的评价意见进行归纳总结。完成如下项目：

1. 展示的螺纹轴符合技术标准吗？

合格□　　不良□　　返修□　　报废□

2. 本小组介绍成果表达是否清晰？

很好□　　一般，常补充□　　不清晰□

3. 本小组演示的螺纹轴检测方法操作正确吗？

正确□　　部分正确□　　不正确□

4. 本小组演示操作时遵循了“6S”的工作要求吗？

符合工作要求□　　忽略了部分要求□　　完全没有遵循□

5. 本小组的检测量具、量仪保养完好吗？

良好□　　一般□　　不合要求□

6. 本小组的成员团队创新精神如何？

良好□　　一般□　　不足□

三、教师评价

教师对展示的作品分别作评价。

1. 找出各组的优点进行点评。
2. 对展示过程中各组的缺点进行点评，提出改进方法。
3. 对整个任务完成中出现的亮点和不足进行点评。

四、总结提升

1. 根据螺纹轴加工质量及完成情况，分析螺纹轴编程与加工中的不合理处及其原因并提出改进意见，填入表中。

螺纹轴加工不合理处及改进意见

序号	工作内容	不合理处	不合理的原因	改进意见
1	零件工艺处理与编程			

续表

序号	工作内容	不合理处	不合理的原因	改进意见
2	零件数控车加工			
3	零件质量			

2. 试结合自身任务完成情况，通过交流讨论等方式较全面规范地撰写本次任务的工作总结。

工作总结

评价与分析

学习任务三评价表

班级：__________　　　学生姓名 ：__________　　　学号：________

项目	自我评价			小组评价			教师评价		
	10 ~ 9	8 ~ 6	5 ~ 1	10 ~ 9	8 ~ 6	5 ~ 1	10 ~ 9	8 ~ 6	5 ~ 1
	占总评 10%			占总评 30%			占总评 60%		
学习活动 1									
学习活动 2									
学习活动 3									
学习活动 4									
学习活动 5									
表达能力									
协作精神									
纪律观念									
工作态度									
分析能力									
操作规范性									
任务总体表现									
小计									
总评									

任课教师：________　　年　　月　　日

学习任务四　轴套的数控车加工

学习目标

1. 能根据轴套零件图样，正确编制轴套零件的数控车加工工序卡。

2. 能对轴套零件进行编程前的数学处理。

3. 能编制轴套零件的数控车加工程序，并绘制刀具路径图。

4. 能熟练应用仿真软件各项功能，完成轴套零件的模拟加工，并能根据模拟测量结果完善程序。

5. 能根据轴套零件图样，查阅相关资料，确定符合加工技术要求的工、量、夹具和辅件。

6. 能熟练应用数控车床的模拟检验功能，检查程序编写中的错误，并对程序进行优化。

7. 能正确装夹内孔车刀、内车槽刀等，并在数控车床上实现内孔车刀和内车槽刀的规范对刀。

8. 能根据切削状态调整切削用量，保证正常切削，并适时检测，保证轴套加工精度。

9. 能独立完成轴套零件的数控车加工任务，并在教师的指导下解决加工中出现的常见问题。

10. 能规范、熟练地使用常用量具，对轴套零件进行检测，判断加工质量，并根据测量结果，分析误差产生的原因，提出修改意见。

11. 能按车间现场6S管理和产品工艺流程的要求，正确放置轴套零件，整理现场、保养机床，进行产品交接并规范填写交接班记录表。

12. 能主动获取有效信息，展示工作成果，对学习与工作进行反思总结，并能与他人开展良好合作，进行有效的沟通。

建议学时

30 学时

工作情境描述

某企业机器中的轴套零件因长期使用而磨损，需要更换，数量为 30 件。要求在 5 天内完成，包工包料。现生产部门委托我校数控车工组来承接此加工任务。

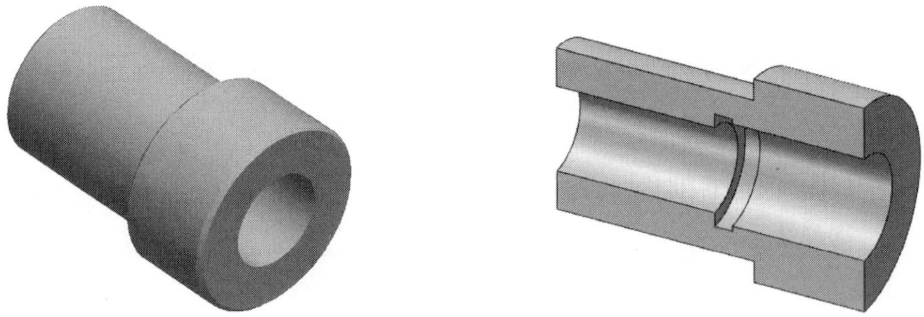

a) b)

轴套实体图

工作流程与活动

1. 轴套加工工艺分析与编程
2. 轴套模拟加工
3. 轴套的数控车加工
4. 轴套的检验与质量分析
5. 工作总结与评价

学习活动1　轴套加工工艺分析与编程

学习目标

1. 能根据轴套零件的材料和形状特征及加工要求等选择刀具和刀具几何参数，并确定数控加工合理的切削用量。

2. 能编制轴套零件的数控车加工工序卡。

3. 能独立编制轴套零件的数控车加工程序，并绘制刀具路径图。

建议学时　6学时

学习过程

一、阅读生产任务单

轴套生产任务单

单位名称				完成时间	年　月　日	
序号	产品名称	材料	生产数量	技术标准、质量要求		
1	轴套	45钢	30件	按图样要求		
2						
3						
生产批准时间		年　月　日	批准人			
通知任务时间		年　月　日	发单人			
接单时间		年　月　日	接单人		生产班组	数控车工组

注：生产任务单与零件图样等一起领取。

1. 列举生活中见到的轴套应用实例，说明轴套零件的主要用途和应用场合。除本任务采用的 45 钢外，还常用哪些材料来制作轴套?

2. 本生产任务工期为 5 天，试依据任务要求，制订合理的工作进度计划，并根据小组成员的特点进行分工。

序号	工作内容	时间	成员	负责人
1	工艺分析			
2	编制程序			
3	程序检验			
4	车削加工			
5	成品检验与质量分析			

二、图样分析

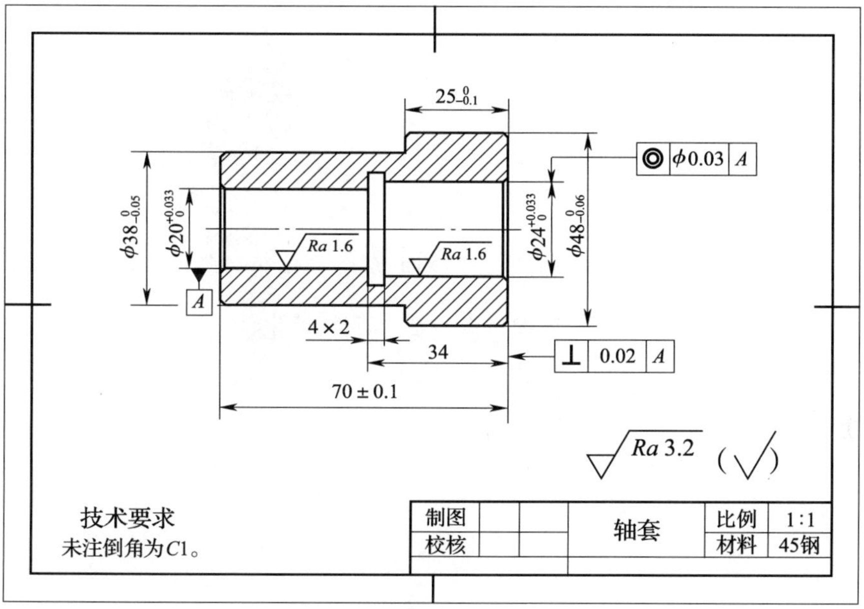

轴套零件图样

1. 本任务所加工的轴套零件应选择什么尺寸的毛坯?

2. 本零件的关键尺寸有哪些？零件图样中所标注的基准都在什么部位?

3. 找出轴套零件图样上尺寸精度及表面结构要求较高的加工表面，并记录下来。

4. 根据问题 3 的结果，判断能否利用数控车加工达到尺寸精度及表面结构的要求。需要采取什么工艺方法?

5. 从零件图样中找出[◎|ϕ0.03|A]、[⊥|0.02|A]两个几何公差符号，并说明其含义。如加工后未达到以上两个几何公差的精度要求会对零件使用产生什么影响?

三、刀具选择与工艺制定

1. 根据轴套零件图样，在下图所示刀具中选择合适的数控外轮廓车刀，并说明选用理由。

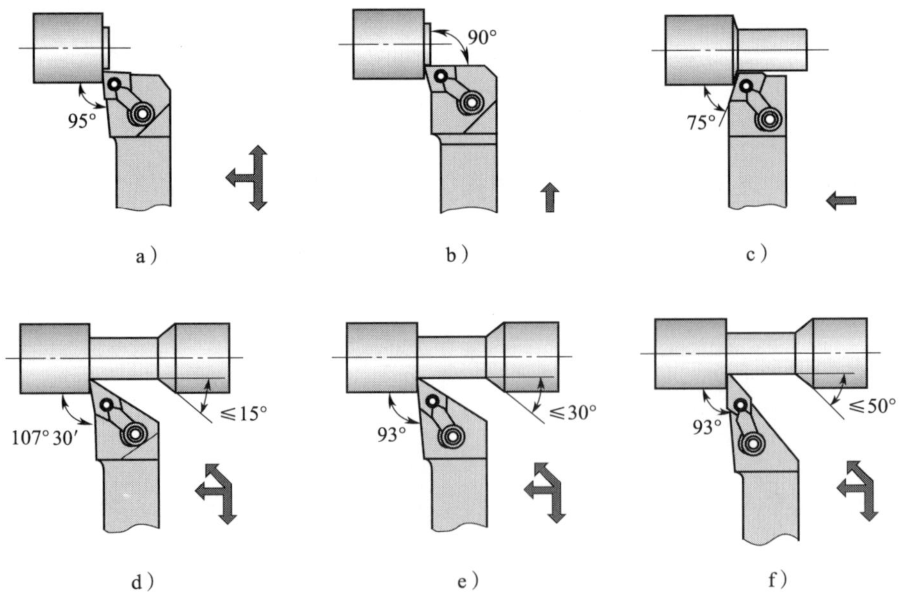

数控刀具

2. 采用问题 1 选择的外轮廓车刀，粗、精加工轴套外轮廓应该选择多大的刀尖半径?为什么?

3. 根据轴套零件图样，在下图所示刀具中选择适合加工轴套零件内孔的数控刀具，并说明选用理由。

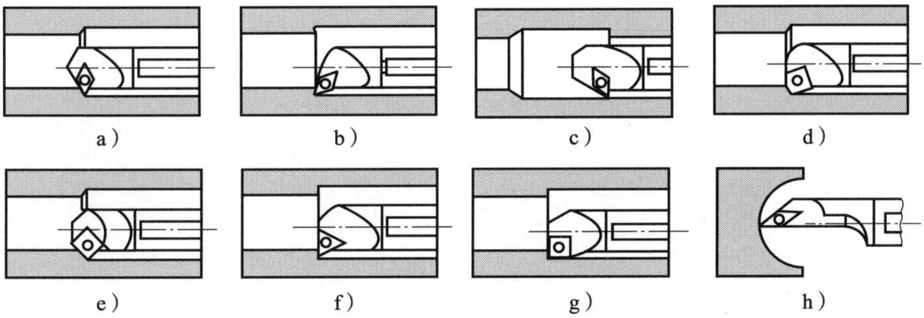

数控刀具

4. 采用问题 3 选择的内孔车刀，粗、精加工轴套内孔应该选择多大的刀尖半径?

5. 内车槽刀的主切削刃宽度应选择多宽?

6. 根据上述分析，完成轴套加工的车削刀具卡。

轴套加工的车削刀具卡

产品名称或代号		零件名称		零件图号	
刀具号	加工内容	刀具名称	刀片型号	刀尖半径 (mm)	刀具规格 (mm×mm)
编制	审核	批准		第　页	共　页

7. 确定轴套零件的定位基准，合理拟定零件加工的工艺路线，并绘制在下图中。

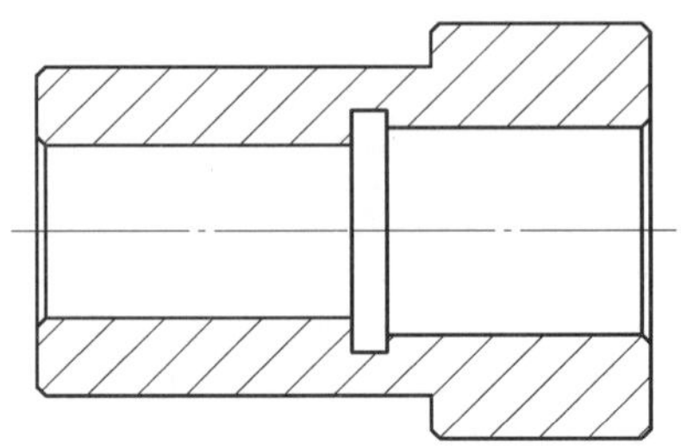

轴套零件加工工艺路线

8. 根据问题 7 设计的工艺路线和问题 6 填写的刀具卡，完成轴套数控车加工工序卡。

轴套数控车加工工序卡

单位名称		产品名称或代号		零件名称		零件图号	
工序号	程序编号	夹具名称		使用设备		车间	
工步号	工步内容	刀具号	刀具规格（mm）	主轴转速（r/min）	进给速度（mm/min）	背吃刀量（mm）	备注
编制		审核		批准		共　页	第　页

四、程序编制

1. 在下图中绘制出编程坐标系，并标出编程原点。

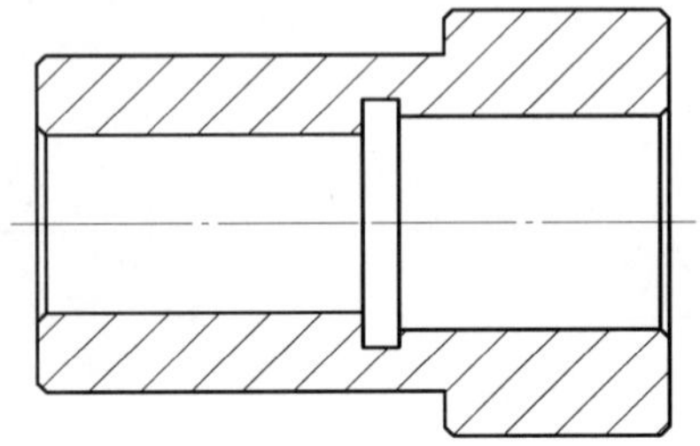

轴套编程坐标系

2. 根据以前所学的编程指令，写出轴套零件用哪些指令编程加工的效率更高。

（1）外轮廓粗、精加工：

（2）内轮廓粗、精加工：

（3）内沟槽：

3. 根据轴套零件图样及编程分析，编写轴套数控车加工程序并填入表中。

（1）零件右端加工程序

程序段号	轴套	**O0001;**
	加工程序	程序说明
N5		
N10		
N15		
N20		
N25		
N30		

续表

程序段号	轴套	O0001;
	加工程序	程序说明
N35		
N40		
N45		
N50		
N55		
N60		
N65		
N70		
N75		
N80		
N85		
N90		
N95		
N100		
N105		
N110		
N115		
N120		
N125		
N130		
N135		
N140		

续表

程序段号	轴套	**O0001;**
	加工程序	程序说明
N145		
N150		
N155		
N160		
N165		
N170		
N175		
N180		
N185		
N190		
N195		
N200		
N205		
N210		
N215		
N220		
N225		
N230		
N235		
N240		
N245		

续表

程序段号	轴套	O0001;
	加工程序	程序说明
N250		
N255		
N260		
N265		
N270		
N275		
N280		
N285		
N290		
N295		
N300		
N305		
N310		
N315		
N320		
N325		
N330		
N335		
N340		
N345		
N350		

（2）零件左端加工程序

<table>
<tr><th rowspan="2">程序段号</th><th>轴套</th><th>O0002；</th></tr>
<tr><th>加工程序</th><th>程序说明</th></tr>
<tr><td>N5</td><td></td><td></td></tr>
<tr><td>N10</td><td></td><td></td></tr>
<tr><td>N15</td><td></td><td></td></tr>
<tr><td>N20</td><td></td><td></td></tr>
<tr><td>N25</td><td></td><td></td></tr>
<tr><td>N30</td><td></td><td></td></tr>
<tr><td>N35</td><td></td><td></td></tr>
<tr><td>N40</td><td></td><td></td></tr>
<tr><td>N45</td><td></td><td></td></tr>
<tr><td>N50</td><td></td><td></td></tr>
<tr><td>N55</td><td></td><td></td></tr>
<tr><td>N60</td><td></td><td></td></tr>
<tr><td>N65</td><td></td><td></td></tr>
<tr><td>N70</td><td></td><td></td></tr>
<tr><td>N75</td><td></td><td></td></tr>
<tr><td>N80</td><td></td><td></td></tr>
<tr><td>N85</td><td></td><td></td></tr>
<tr><td>N90</td><td></td><td></td></tr>
<tr><td>N95</td><td></td><td></td></tr>
<tr><td>N100</td><td></td><td></td></tr>
<tr><td>N105</td><td></td><td></td></tr>
</table>

续表

程序段号	轴套	O0002；
	加工程序	程序说明
N110		
N115		
N120		
N125		
N130		
N135		
N140		
N145		
N150		
N155		
N160		
N165		
N170		

学习活动2　轴套模拟加工

学习目标

1. 能遵守机房各项管理规定，并规范使用计算机。

2. 能熟练应用仿真软件的各项功能。

3. 能完成轴套零件的模拟加工。

4. 能根据模拟加工路径，判断程序正确性，并作相应优化。

建议学时　4学时

学习过程

一、模拟加工设置

1. 说明在仿真软件中模拟加工轴套零件时，如何进行机床类型、夹具类型与装夹位置、毛坯大小与位置、刀具参数设置。

（1）机床类型设置：

（2）夹具类型与装夹位置设置：

（3）毛坯大小与位置设置：

（4）刀具参数设置：

2. 内孔车刀与外圆车刀在对刀方法上有何区别？为什么？

二、模拟加工

1. 运行已编制好的加工程序，观察仿真软件生成的刀具路径（见下图）是否符合轴套加工要求。如果不符合要求，记录下来，以便改正。

不合理 1：

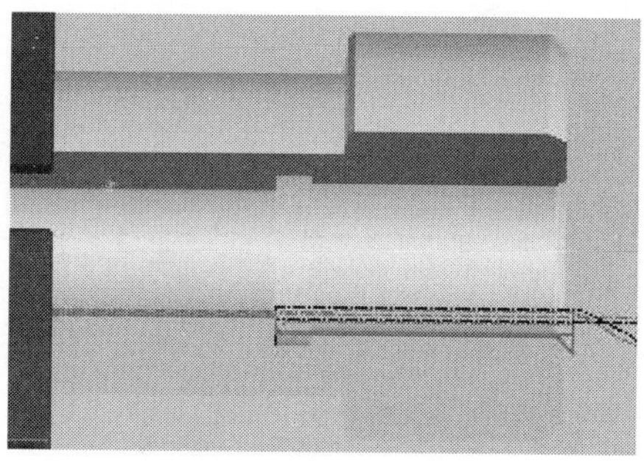

模拟加工刀具路径

不合理 2：

不合理 3：

2. 根据轴套“模拟加工”问题 1 中的记录，分析不符合轴套加工要求的原因，并在小组讨论中提出预防措施或改进方法，填入下表，以提高加工质量和效率。

轴套模拟加工问题

问题	原因	预防措施或改进方法

3. 在模拟加工轴套零件时，如果内孔车刀出现撞刀现象会是什么原因造成的？应如何处理？

4. 案例分析：轴套零件的右端加工完毕后，通过仿真软件的模拟检验发现内径 $\phi 24^{+0.033}_{0}$ mm的尺寸是 $\phi 23.82$ mm，该零件能否修复？如果能修复，应该采用什么方法修复？

5. 如果模拟加工的轴套零件是真实的产品，如何保证轴套零件的几何精度？

学习活动3　轴套的数控车加工

学习目标

1. 能根据轴套零件图样，确定符合加工技术要求的工、量、夹具和辅件。

2. 能正确装夹工件，并对其进行找正。

3. 能正确装夹内孔车刀、内车槽刀等，并在数控车床上实现内孔车刀和内车槽刀的规范对刀。

4. 能正确选择本次任务所需的切削液。

5. 能在轴套加工过程中，严格按照数控车床操作规程操作机床。

6. 能根据切削状态调整切削用量，保证正常切削，并适时检测，保证轴套加工精度。

7. 能独立完成轴套零件的数控车加工任务，并在教师的指导下解决加工中出现的常见问题。

8. 能按车间现场6S管理和产品工艺流程的要求，正确放置轴套零件并进行质量检验和确认。

9. 能按产品工艺流程和车间管理规定，正确规范地保养机床，进行产品交接并规范填写交接班记录表。

建议学时　14学时

学习过程

一、加工准备

1. 领取工、量、刃具

填写工、量、刃具清单，并领取工、量、刃具。

工、量、刃具清单

序号	名称	规格	数量	备注
1				
2				
3				
4				
5				
6				
7				
8				
9				
10				
11				
12				
13				
14				
15				
16				
17				
18				
19				
20				

2. 领取毛坯料

领取毛坯料，并测量毛坯外形尺寸，判断毛坯是否有足够的加工余量。

3. 选择切削液

根据加工对象及所用刀具，选择本次加工所用切削液。

4. 开机准备

（1）内孔车刀在数控车床上的装夹要点有哪些?

（2）内孔车刀对刀时的注意事项有哪些?

二、零件加工

1. 按照数控车床操作安全规程检查各项均符合要求后，送电开机。
2. 按正确操作顺序，进行回机床参考点操作。
3. 正确装夹工件，并对其进行找正。
4. 正确装夹刀具，确保刀具牢固可靠，并设定主轴手动转速。
5. 对刀

（1）外圆车刀对刀。

（2）内孔车刀对刀。

（3）内车槽刀对刀

6. 程序输入与校验

（1）输入并调试轴套数控车加工程序。

（2）记录程序输入时产生的报警号，并说明产生报警的原因及解决办法。

报警号	报警内容	报警原因	解决办法

7. 自动加工

（1）加工中注意观察刀具切削情况，记录加工中不合理的因素，以便于纠正，提高工作效率（如切削用量、加工路径是否合理，刀具是否有干涉等）。

轴套加工中遇到的问题

问题	产生原因	预防措施或改进方法

（2）案例分析1：在加工轴套过程中，内孔车刀出现让刀现象，通过内径百分表测量，发现 $\phi20^{+0.033}_{0}$ mm 的内孔有锥度，这是什么原因造成的？应该采用什么方法避免？

（3）案例分析2：在加工轴套过程中，铁屑缠绕在内孔车刀上，造成内孔的表面被刮伤，表面粗糙度达不到图样要求，这是什么原因造成的？应该采用什么方法避免？

三、保养机床、清理场地

加工完毕后，按照图样要求进行自检，正确放置零件，并进行产品交接确认；按照国家环保相关规定和车间要求整理现场，清扫切屑，保养机床，并正确处置废油液等废弃物；按车间规定填写交接班记录和设备日常保养记录卡（见附表）。

学习活动4 轴套的检验与质量分析

学习目标

1. 能根据轴套图样，合理选择检验工具和量具，确定检测方法。

2. 能正确规范地使用工、量具对轴套进行检验，并对工、量具进行保养和维护。

3. 能根据轴套零件的测量结果，分析误差产生的原因，并提出修改意见。

4. 能按检验室管理要求，正确放置检验用工、量具。

建议学时 4学时

学习过程

一、明确测量要素，领取检测用工、量具

1. 轴套零件上有哪些要素需要测量?

2．根据轴套需要测量的要素，写出检测轴套所需工、量具，并填入表中。

检测轴套所需工、量具

序号	名称	规格（精度）	检测内容	备注
1				
2				
3				
4				
5				
6				
7				

二、检测零件，填写轴套零件质量检验单

1．根据图样要求，自检轴套零件，并完成零件质量检验单。

轴套零件质量检验单

项目	序号	内容	检测结果	结论
外圆	1	$\phi 38_{-0.05}^{0}$ mm		
	2	$\phi 48_{-0.06}^{0}$ mm		
内孔	3	$\phi 20_{0}^{+0.033}$ mm		
	4	$\phi 24_{0}^{+0.033}$ mm		

续表

项目	序号	内容	检测结果	结论
长度	5	$25_{-0.1}^{0}$ mm		
	6	(70 ±0.1) mm		
	7	4 mm ×2 mm		
	8	34 mm		
垂直度	9	⊥ 0.02 *A*		
同轴度	10	◎ ϕ0.03 *A*		
表面质量	11	*Ra*1.6 μm（2 处）		
	12	*Ra*3.2 μm（5 处）		
倒角	13	*C*1 mm（5 处）		
螺纹轴检测结论				
产生不合格品的情况分析				

2. 案例分析 1：轴套零件加工完毕后，通过检测发现外径 $\phi48_{-0.06}^{0}$ mm 的实际尺寸是 ϕ48.05 mm，这是什么原因造成的？应该采用什么方法避免？

3. 案例分析 2：轴套零件加工完毕后，通过检测发现内径 $\phi 24^{+0.033}_{0}$ mm 的实际尺寸是 ϕ24.22 mm，这是什么原因造成的？应该采用什么方法避免？

4. 案例分析 3：轴套零件加工完毕后，通过检测发现长度（70 ± 0.1）mm 的实际尺寸是 70.15 mm，这是什么原因造成的？应该采用什么方法避免？

三、提出工艺方案修改意见

对不合格项目进行分析，小组讨论提出工艺方案修改意见。

不合格项目	产生原因	修改意见
尺寸不对		
同轴度误差		
垂直度误差		
表面粗糙度达不到要求		

学习活动5　工作总结与评价

学习目标

1. 能按照轴套加工综合评价表完成自评。

2. 能按分组情况，分别派代表展示工作成果，说明本次任务的完成情况，并作分析总结。

3. 能结合自身任务完成情况，正确规范地撰写工作总结。

4. 能就本次任务中出现的问题，提出改进措施。

5. 能对学习与工作进行反思总结，并能与他人开展良好合作，进行有效沟通。

建议学时　2学时

学习过程

一、自我评价

轴套加工综合评价表

工件编号				总得分		
项目	序号	技术要求	配分	评分标准	检测记录	得分
仿真过程（10%）	1	仿真软件操作正确	4	熟练程度		
	2	模拟加工设置正确	3	酌情扣分		
	3	程序输入	3	酌情扣分		

续表

工件编号				总得分		
项目	序号	技术要求	配分	评分标准	检测记录	得分
机床操作（20%）	4	正确开启机床、检查	4	不正确、不合理无分		
	5	机床返回参考点	4	不正确、不合理无分		
	6	程序的输入及修改	4	不正确、不合理无分		
	7	程序空运行轨迹检查	4	不正确、不合理无分		
	8	对刀的方式、方法	4	不正确、不合理无分		
程序与工艺（20%）	9	程序格式规范	5	不合格每处扣 2 分		
	10	程序正确、完整	8	不合格每处扣 2 分		
	11	工艺合理	7	不合格每处扣 1 分		
零件质量（40%）	12	$\phi38_{-0.05}^{0}$ mm	3	超差不得分		
	13	$\phi48_{-0.06}^{0}$ mm	3	超差不得分		
	14	$\phi20_{0}^{+0.033}$ mm	4	超差不得分		
	15	$\phi24_{0}^{+0.033}$ mm	4	超差不得分		
	16	$25_{-0.1}^{0}$ mm	3	超差不得分		
	17	（70 ±0.1） mm	3	超差不得分		
	18	4 mm ×2 mm	3	超差不得分		
	19	34 mm	2	超差不得分		
	20	⊥ 0.02 A	4	超差不得分		
	21	◎ ϕ0.03 A	4	超差不得分		
	22	Ra1.6 μm（2 处）	2	降级不得分		
	23	Ra3.2 μm（5 处）	2.5	降级不得分		
	24	C1 mm（5 处）	2.5	超差不得分		
安全文明生产（10%）	25	安全操作	5	不按安全操作规程操作全扣		
	26	机床清理	5	不合格全扣		
总分			100			

二、展示评价（小组评价）

把个人制作好的轴套先进行分组展示，再由小组推荐代表作必要的介绍。在展示过程中，以组为单位进行评价；评价完成后，根据其他组成员对本组展示成果的评价意见进行归纳总结。完成如下项目：

1. 展示的轴套符合技术标准吗？

合格□　　不良□　　返修□　　报废□

2. 本小组介绍成果表达是否清晰？

很好□　　一般，常补充□　　不清晰□

3. 本小组演示的轴套检测方法操作正确吗？

正确□　　部分正确□　　不正确□

4. 本小组演示操作时遵循了“6S”的工作要求吗？

符合工作要求□　　忽略了部分要求□　　完全没有遵循□

5. 本小组的检测量具、量仪保养完好吗？

良好□　　一般□　　不合要求□

6. 本小组的成员团队创新精神如何？

良好□　　一般□　　不足□

三、教师评价

教师对展示的作品分别作评价。

1. 找出各组的优点进行点评。

2. 对展示过程中各组的缺点进行点评，提出改进方法。

3. 对整个任务完成中出现的亮点和不足进行点评。

四、总结提升

1. 根据轴套加工质量及完成情况，分析轴套编程与加工中的不合理处及其原因并提出改进意见，填入表中。

轴套加工不合理处及改进意见

序号	工作内容	不合理处	不合理的原因	改进意见
1	零件工艺处理与编程			

续表

序号	工作内容	不合理处	不合理的原因	改进意见
2	零件数控车加工			
3	零件质量			

2．试结合自身任务完成情况，通过交流讨论等方式较全面规范地撰写本次任务的工作总结。

工作总结（心得体会）

评价与分析

学习任务四评价表

班级：__________ 学生姓名：__________ 学号：________

项目	自我评价			小组评价			教师评价		
	10~9	8~6	5~1	10~9	8~6	5~1	10~9	8~6	5~1
	占总评 10%			占总评 30%			占总评 60%		
学习活动 1									
学习活动 2									
学习活动 3									
学习活动 4									
学习活动 5									
表达能力									
协作精神									
纪律观念									
工作态度									
分析能力									
操作规范性									
任务总体表现									
小计									
总评									

任课教师：________ 年 月 日

学习任务五　凸轮轴的数控车加工

学习目标

1. 能根据凸轮轴的用途和技术要求，对凸轮轴的加工内容作出分析。

2. 能应用三角函数知识计算凸轮轴零件图样中的基点坐标。

3. 能根据凸轮轴零件图样，正确编制凸轮轴零件的数控车加工工序卡。

4. 能编制凸轮轴零件的数控车加工程序，并绘制刀具路径图。

5. 能熟练应用仿真软件各项功能，完成凸轮轴零件的模拟加工，并能根据模拟测量结果完善程序。

6. 能根据凸轮轴零件图样，查阅相关资料，确定符合加工技术要求的工、量、夹具和辅件。

7. 能应用数控车床的模拟检验功能，检查程序编写中的错误，并对程序进行优化。

8. 能根据切削状态调整切削用量，保证正常切削，并适时检测，保证凸轮轴加工精度。

9. 能独立完成凸轮轴零件的数控车加工任务，并在教师的指导下解决加工中出现的常见问题。

10. 能规范、熟练地使用常用量具，对凸轮轴零件进行检测，判断加工质量，并根据凸轮轴零件的测量结果，分析误差产生的原因，提出修改意见。

11. 能按车间现场6S管理和产品工艺流程的要求，正确放置凸轮轴零件，整理现场、保养机床，进行产品交接并规范填写交接班记录表。

12. 能主动获取有效信息，展示工作成果，对学习与工作进行反思总结，并能与他人开展良好合作，进行有效沟通。

建议学时

30 学时

工作情境描述

某企业新设计的设备中包含一个凸轮轴零件，在正式投产前需要在 5 个工作日内使用数控车床进行小批量（30 件）试制加工。学校接到加工任务后，组织技术人员与企业进行业务洽谈，合同规定来料加工、生产周期为 5 天，现学校把凸轮轴的生产任务交给数控车教研组来完成。

凸轮轴实体图

工作流程与活动

1. 凸轮轴加工工艺分析与编程
2. 凸轮轴模拟加工
3. 凸轮轴的数控车加工
4. 凸轮轴的检验与质量分析
5. 工作总结与评价

学习活动1　凸轮轴加工工艺分析与编程

学习目标

1. 能计算凸轮轴零件图样中的未知坐标点。

2. 能根据凸轮轴的材料和形状特征及加工要求等选择刀具和刀具几何参数，并确定数控加工合理的切削用量。

3. 能编制凸轮轴零件的数控车加工工序卡。

4. 能编制凸轮轴零件的数控车加工程序，并绘制刀具路径图。

建议学时　6学时

学习过程

一、阅读生产任务单

凸轮轴生产任务单

<table>
<tr><td colspan="2">单位名称</td><td colspan="2"></td><td>完成时间</td><td colspan="2">年　月　日</td></tr>
<tr><td>序号</td><td>产品名称</td><td>材料</td><td>生产数量</td><td colspan="3">技术标准、质量要求</td></tr>
<tr><td>1</td><td>凸轮轴</td><td>45钢</td><td>30件</td><td colspan="3">按图样要求</td></tr>
<tr><td>2</td><td></td><td></td><td></td><td colspan="3"></td></tr>
<tr><td>3</td><td></td><td></td><td></td><td colspan="3"></td></tr>
<tr><td colspan="2">生产批准时间</td><td>年　月　日</td><td>批准人</td><td></td><td></td><td></td></tr>
<tr><td colspan="2">通知任务时间</td><td>年　月　日</td><td>发单人</td><td></td><td></td><td></td></tr>
<tr><td colspan="2">接单时间</td><td>年　月　日</td><td>接单人</td><td></td><td>生产班组</td><td>数控车工组</td></tr>
</table>

注：生产任务单与零件图样等一起领取。

1．如图所示凸轮轴实体的轮廓是椭圆曲线，查阅资料，说说凸轮的作用是什么，凸轮轮廓曲线是用什么设备加工的。

凸轮轴实体

2．本生产任务工期为 5 天，试依据任务要求，制订合理的工作进度计划，并根据小组成员的特点进行分工。

序号	工作内容	时间	成员	负责人
1	工艺分析			
2	编制程序			
3	程序检验			
4	车削加工			
5	成品检验与 质量分析			

二、图样分析

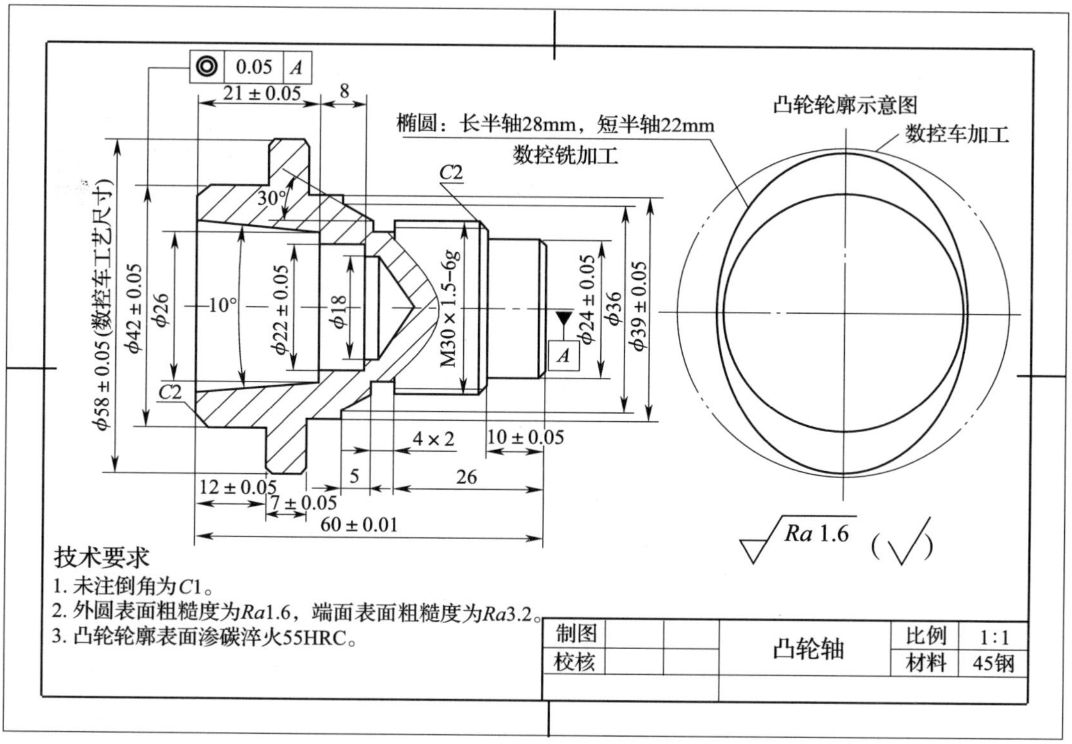

凸轮轴零件图样

1．分析零件图样，写出零件加工的主要尺寸，并通过尺寸公差计算确定加工精度范围。

（1）外圆主要尺寸：

（2）螺纹主要尺寸：

（3）沟槽主要尺寸：

（4）内孔主要尺寸：

（5）从以上列举尺寸中选出带有公差的尺寸，计算其极限尺寸，说明加工精度控制范围。

（6）根据下图中已知条件，计算图中的未知尺寸。

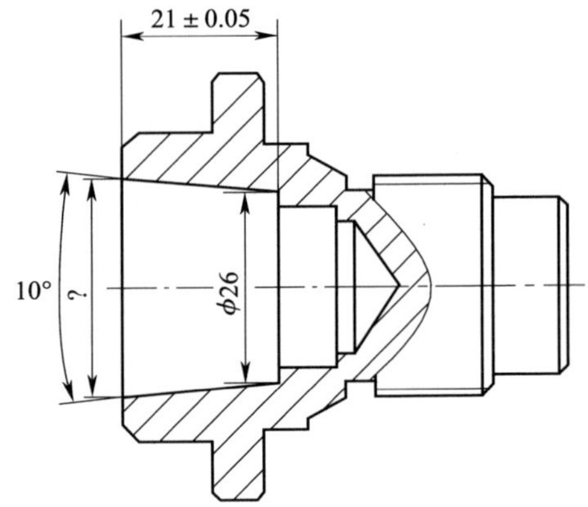

凸轮轴

2. 图中 M30 × 1.5—6 g 的含义是什么？可以用什么指令来加工？

3. 凸轮轮廓曲线的加工工序应在车削前还是车削完成后？为什么？

4. 图中槽4 mm×2 mm有什么作用，是用什么刀具来加工的?

5. 技术要求中凸轮轮廓表面要渗碳淬火，查阅资料，说明表面渗碳淬火的目的，以及其所能达到的硬度范围。

6. 图中有哪些几何公差? 在加工中你将采取哪些措施来保证?

三、刀具选择与工艺制定

1. 根据凸轮轴零件图样，说明凸轮轴加工内容有哪些，并填入表中。

凸轮轴加工内容

序号	加工内容
1	
2	
3	
4	
5	

2. 根据凸轮轴加工内容，完成凸轮轴加工的车削刀具卡。

凸轮轴加工的车削刀具卡

<table>
<tr><td colspan="2">产品名称或代号</td><td colspan="2"></td><td>零件名称</td><td></td><td>零件图号</td><td></td></tr>
<tr><td>刀具号</td><td colspan="3">加工内容</td><td>刀具名称</td><td>刀片型号</td><td>刀尖半径
(mm)</td><td>刀具规格
(mm×mm)</td></tr>
<tr><td></td><td colspan="3"></td><td></td><td></td><td></td><td></td></tr>
<tr><td></td><td colspan="3"></td><td></td><td></td><td></td><td></td></tr>
<tr><td></td><td colspan="3"></td><td></td><td></td><td></td><td></td></tr>
<tr><td></td><td colspan="3"></td><td></td><td></td><td></td><td></td></tr>
<tr><td></td><td colspan="3"></td><td></td><td></td><td></td><td></td></tr>
<tr><td></td><td colspan="3"></td><td></td><td></td><td></td><td></td></tr>
<tr><td></td><td colspan="3"></td><td></td><td></td><td></td><td></td></tr>
<tr><td></td><td colspan="3"></td><td></td><td></td><td></td><td></td></tr>
<tr><td></td><td colspan="3"></td><td></td><td></td><td></td><td></td></tr>
<tr><td>编制</td><td></td><td>审核</td><td></td><td>批准</td><td></td><td>第　页</td><td>共　页</td></tr>
</table>

3. 凸轮轴零件的粗、精加工是否需要分开？为什么？

4. 凸轮轴零件加工中需要调头装夹，在装夹调整中百分表是必不可少的检验工具。试回顾百分表的结构与使用方法，并在下图中正确填写。

百分表

1：____________　2：____________　3：____________　4：____________

5：____________　6：____________　7：____________　8：____________

9：____________

使用方法：

5. 百分表按测量范围分有几种？凸轮轴零件装夹调整应选择哪一种？

6. 在加工螺纹 M30 ×1.5—6 g 前，其外径尺寸应该是多少？

7. 根据问题 2 所选刀具及加工内容，说明镗孔前底孔应该钻多大。

8．确定凸轮轴零件的定位基准，合理拟定零件加工的工艺路线，并绘制在下图中。

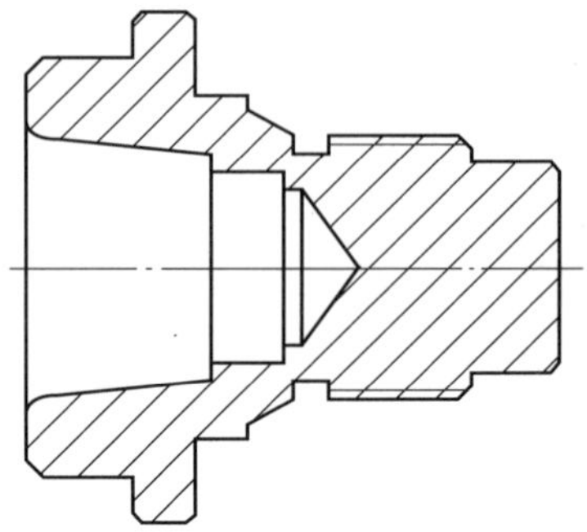

凸轮轴零件加工工艺路线

9．小组讨论确定凸轮轴零件的加工步骤并填写数控车加工工序卡。

凸轮轴数控车加工工序卡

<table>
<tr><td rowspan="2">单位名称</td><td rowspan="2"></td><td colspan="2">产品名称或代号</td><td colspan="2">零件名称</td><td colspan="2">零件图号</td></tr>
<tr><td colspan="2"></td><td colspan="2"></td><td colspan="2"></td></tr>
<tr><td>工序号</td><td>程序编号</td><td colspan="2">夹具名称</td><td colspan="2">使用设备</td><td colspan="2">车间</td></tr>
<tr><td></td><td></td><td colspan="2"></td><td colspan="2"></td><td colspan="2"></td></tr>
<tr><td>工步号</td><td>工步内容</td><td>刀具号</td><td>刀具规格（mm）</td><td>主轴转速（r/min）</td><td>进给速度（mm/min）</td><td>背吃刀量（mm）</td><td>备注</td></tr>
<tr><td></td><td></td><td></td><td></td><td></td><td></td><td></td><td></td></tr>
<tr><td></td><td></td><td></td><td></td><td></td><td></td><td></td><td></td></tr>
<tr><td></td><td></td><td></td><td></td><td></td><td></td><td></td><td></td></tr>
<tr><td></td><td></td><td></td><td></td><td></td><td></td><td></td><td></td></tr>
<tr><td></td><td></td><td></td><td></td><td></td><td></td><td></td><td></td></tr>
<tr><td></td><td></td><td></td><td></td><td></td><td></td><td></td><td></td></tr>
<tr><td></td><td></td><td></td><td></td><td></td><td></td><td></td><td></td></tr>
<tr><td></td><td></td><td></td><td></td><td></td><td></td><td></td><td></td></tr>
</table>

续表

工步号	工步内容		刀具号	刀具规格 (mm)	主轴转速 (r/min)	进给速度 (mm/min)	背吃刀量 (mm)	备注
编制		审核		批准		共　页	第　页	

四、程序编制

1. 在图中绘制出编程坐标系，并标出编程原点。

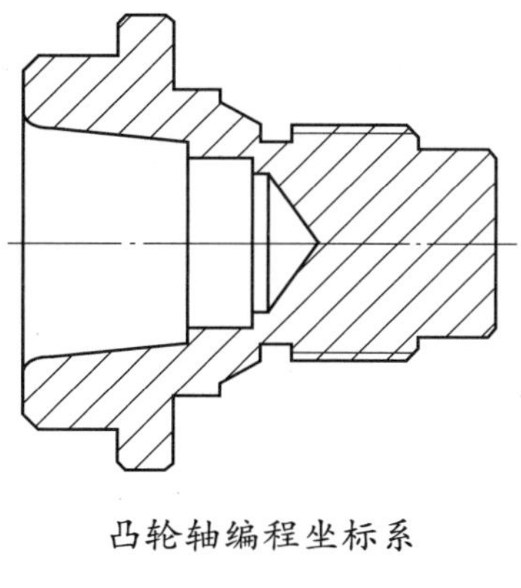

凸轮轴编程坐标系

2. 凸轮轴零件加工有外形加工和内形加工，内、外形加工的刀具起刀点设置有什么不同？写出本零件内、外形加工刀具起刀点的坐标位置。

3. 在数控系统中，有多种外形车削循环，查阅编程手册，写出两种车削外形循环指令的格式、应用场合，并分析其循环加工路径的区别，选择适合凸轮轴加工的循环路径，如下图所示。

（1）指令格式：

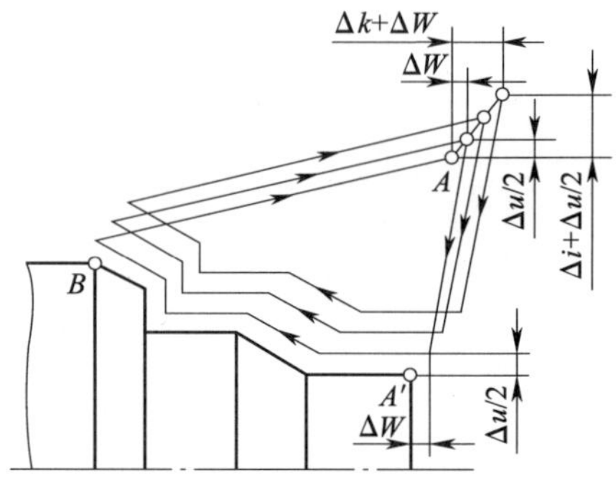

循环加工路径

（2）应用场合：

（3）两者的区别：

（4）凸轮轴加工应用哪个指令？

4. 凸轮轴零件加工中是否需要用到刀尖圆弧半径补偿？为什么？

5．参考下图所示零件加工程序流程图拟定凸轮轴加工的程序流程图。

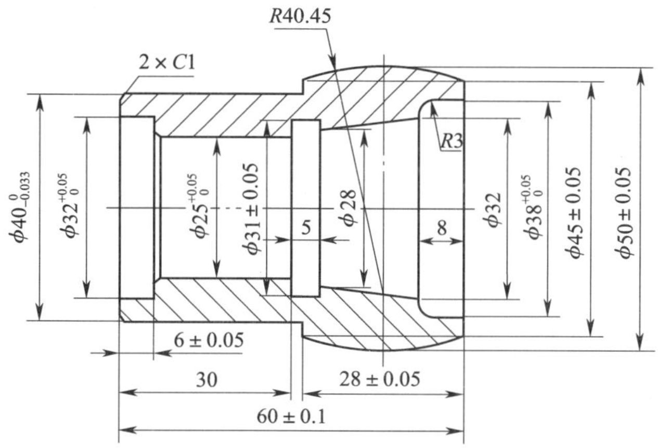

零件加工程序流程图

6. 结合凸轮轴加工工艺，分析凸轮轴加工需要装夹几次？在加工左端的孔 ϕ（22 ± 0.05）mm 与锥孔时应注意哪些问题（如锥孔加工是否要用刀尖圆弧半径补偿等）？

7. 为了提高凸轮轴零件的加工精度，在零件粗加工后、精加工前你在编程中会采取什么样的措施？

8. 根据零件加工步骤及编程分析，小组讨论完成凸轮轴零件的数控车加工程序，并填入表中。

（1）零件左端加工程序

程序段号	凸轮轴	**O0001;**
	加工程序	程序说明
N5		
N10		
N15		
N20		
N25		
N30		
N35		
N40		
N45		
N50		
N55		

续表

程序段号	凸轮轴	O0001;
	加工程序	程序说明
N60		
N65		
N70		
N75		
N80		
N85		
N90		
N95		
N100		
N105		
N110		
N115		
N120		
N125		
N130		
N135		
N140		
N145		
N150		
N155		
N160		
N165		
N170		
N175		
N180		
N185		
N190		
N195		

续表

程序段号	凸轮轴	**O0001;**
	加工程序	程序说明
N200		
N205		
N210		
N215		
N220		
N225		
N230		
N235		
N240		
N245		
N250		
N255		
N260		
N265		
N270		
N275		
N280		
N285		
N290		
N295		
N300		
N305		
N310		
N315		

续表

程序段号	凸轮轴	O0001;
	加工程序	程序说明
N320		
N325		
N330		

（2）零件右端加工程序

程序段号	凸轮轴	O0002;
	加工程序	程序说明
N5		
N10		
N15		
N20		
N25		
N30		
N35		
N40		
N45		
N50		
N55		
N60		
N65		
N70		
N75		
N80		
N85		
N90		

续表

程序段号	凸轮轴	**O0002;**
	加工程序	程序说明
N95		
N100		
N105		
N110		
N115		
N120		
N125		
N130		
N135		
N140		
N145		
N150		
N155		
N160		
N165		
N170		
N175		
N180		
N185		
N190		
N195		
N200		
N205		
N210		

续表

程序段号	凸轮轴	O0002；
	加工程序	程序说明
N215		
N220		
N225		
N230		
N235		
N240		
N245		
N250		
N255		
N260		
N265		
N270		
N275		
N280		
N285		
N290		
N295		
N300		
N305		
N310		
N315		
N320		
N325		
N330		

学习活动2　凸轮轴模拟加工

学习目标

1. 能熟练应用仿真软件的各项功能。

2. 能熟练进行对刀操作，完成凸轮轴零件的模拟加工。

3. 能根据模拟加工路径，判断程序正确性，并作相应优化。

建议学时　4学时

学习过程

一、模拟加工设置

1. 零件模拟加工前，还应该做哪些准备工作?

2. 说明在凸轮轴零件模拟加工时，如何进行机床类型、夹具类型与装夹位置、毛坯大小与位置、刀具参数设置。

（1）机床类型设置：

（2）夹具类型与装夹位置设置：

（3）毛坯大小与位置设置：

（4）刀具参数设置：

3．在模拟加工中，凸轮轴零件是否需要调头装夹？调头后再加工时是否要重新对刀？为什么？

4．通过仿真软件的模拟功能对凸轮轴零件的加工程序进行检验，并说明程序检验的方法与步骤。

二、模拟加工

1. 运行已编制好的加工程序，观察仿真软件生成的刀具路径（见下图）是否符合图样要求，如果不符合图样要求，记录下来，以便改正。

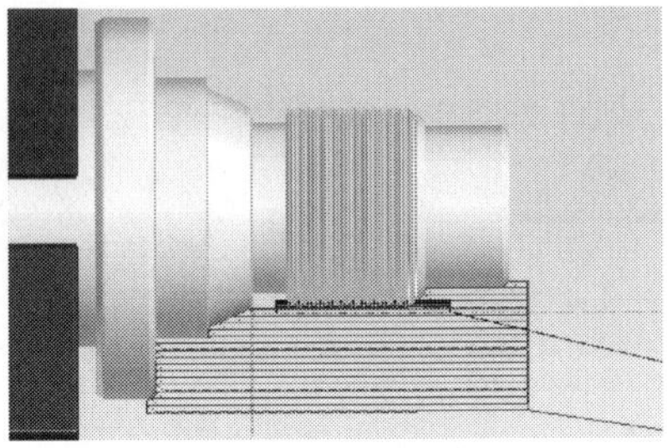

模拟加工刀具路径

不合理 1：

不合理 2：

不合理 3：

2. 根据凸轮轴“模拟加工”问题 1 中的记录，分析不符合图样要求的原因，并在小组讨论中提出预防措施或改进方法，填入表中，以提高加工质量和效率。

凸轮轴模拟加工问题

问题	原因	预防措施或改进方法

3. 凸轮轴零件加工的镗孔过程中走刀路线正常，表面结构也较好，但在退刀过程中，刀具与已加工表面有干涉，使孔壁拉毛。试分析这种现象的原因，并提出改进措施。

4. 如下图所示，在螺纹加工中，由于刀具装夹不牢固，第一刀加工后刀具产生偏移。如果碰到这种现象，接下来你会怎么办？

零件螺纹加工

5. 在背吃刀量和进给量不变的情况下，如何缩短加工时间、优化走刀路线？

学习活动3　凸轮轴的数控车加工

学习目标

1. 能根据凸轮轴零件图样，确定符合加工技术要求的工、量、夹具和辅件。

2. 能校验和检查所用量具的误差。

3. 能按凸轮轴车削加工要求，合理选择和正确安装车刀。

4. 能应用数控车床的模拟检验功能，检查程序编写中的错误，并对程序进行优化。

5. 能独立完成凸轮轴零件的数控车加工任务。

6. 能在教师的指导下解决加工中出现的常见问题。

7. 能按车间现场6S管理和产品工艺流程的要求，正确放置凸轮轴零件并进行质量检验和确认。

8. 能按产品工艺流程和车间管理规定，正确规范地保养机床，进行产品交接并规范填写交接班记录表。

建议学时　14学时

学习过程

一、加工准备

1. 领取工、量、刃具

填写工、量、刃具清单，并领取工、量、刃具。

工、量、刃具清单

序号	名称	规格	数量	备注
1				
2				
3				
4				
5				
6				
7				
8				
9				
10				
11				
12				
13				
14				
15				
16				
17				
18				
19				
20				

2．领取毛坯料

领取毛坯料，并测量毛坯外形尺寸，判断毛坯是否有足够的加工余量。

3. 选择切削液

根据加工对象及所用刀具，选择本次加工所用切削液。

4. 开机准备

由图样分析可知，凸轮轴零件需要进行孔加工，孔加工前要钻多大、多深的预孔?

二、零件加工

1. 按照数控车床操作安全规程检查各项均符合要求后，送电开机。
2. 按正确操作顺序，进行回机床参考点操作。
3. 正确装夹工件，并对其进行找正。
4. 检查刀具是否齐全、完整，按加工工艺要求依次装夹刀具，并完成对刀操作。
5. 程序输入与校验

(1) 输入已编制好的凸轮轴零件数控车削程序，并空运行校验是否有误。

(2) 记录程序输入时产生的报警号，并说明产生报警的原因及解决办法。

报警号	报警内容	报警原因	解决办法

6. 自动加工

（1）加工中注意观察刀具切削情况，记录加工中不合理的因素，以便于纠正，提高工作效率（如切削用量、加工路径是否合理，刀具是否有干涉等）。

凸轮轴加工中遇到的问题

问题	产生原因	预防措施或改进方法

（2）在螺纹加工中，螺纹的牙形角不正是什么原因造成的？应采取什么纠正方法？

三、保养机床、清理场地

加工完毕后，按照图样要求进行自检，正确放置零件，并进行产品交接确认；按照国家环保相关规定和车间要求整理现场，清扫切屑，保养机床，并正确处置废油液等废弃物；按车间规定填写交接班记录和设备日常保养记录卡（见附表）。

学习活动 4　凸轮轴的检验与质量分析

学习目标

1. 能根据凸轮轴零件图样，合理选择检验工具和量具。

2. 能正确规范地使用工、量具检验凸轮轴零件的尺寸、几何精度等是否符合图样要求，并对工、量具进行保养和维护。

3. 能根据凸轮轴零件的测量结果，分析误差产生的原因，并提出修改意见。

4. 能按检验室管理要求，正确放置检验用工、量具。

建议学时　4 学时

学习过程

一、明确测量要素，领取检测用工、量具

1. 凸轮轴零件上有哪些要素需要测量?

2．根据凸轮轴需要测量的要素，写出检测凸轮轴所需工、量具，并填入表中。

检测凸轮轴所需工、量具

序号	名称	规格（精度）	检测内容	备注
1				
2				
3				
4				
5				
6				
7				

二、检测零件，填写凸轮轴零件质量检验单

1．根据图样要求，自检凸轮轴零件，并完成零件质量检验单。

凸轮轴零件质量检验单

项目	序号	内容	检测结果	结论
外圆	1	ϕ（58 ±0.05）mm		
	2	ϕ（42 ±0.05）mm		
	3	ϕ（39 ±0.05）mm		
	4	ϕ（24 ±0.05）mm		
内孔	5	ϕ（22 ±0.05）mm		
长度	6	（60 ±0.1）mm		
	7	（12 ±0.05）mm		

续表

项目	序号	内容	检测结果	结论
长度	8	（10 ±0. 05） mm		
	9	（7 ±0. 05） mm		
	10	（21 ±0. 05） mm		
	11	4 mm ×2 mm		
锥度	12	10°		
	13	30°		
螺纹	14	M30 ×1. 5—6 g		
同轴度	15	◎ 0.05 *A*		
表面质量	16	*Ra*1. 6 μm（6 处）		
	17	*Ra*3. 2 μm（4 处）		
倒角	18	*C*2 mm（2 处）		
	19	*C*1 mm（3 处）		
凸轮轴检测结论				
产生不合格品的情况分析				

2. 案例分析 1：凸轮轴零件的内锥孔表面质量不好，有振纹，试分析原因并提出解决方法。

3．案例分析 2：加工中，ϕ（39 ±0.05）mm 与 ϕ（24 ±0.05）mm 两外圆是一次装夹同时完成的，但实际测得两外圆尺寸分别为 ϕ39.05 mm 和 ϕ23.95 mm，试分析两外圆尺寸公差不一致的原因及解决方法。

三、提出工艺方案修改意见

对不合格项目进行分析，小组讨论提出工艺方案修改意见。

不合格项目	产生原因	修改意见
尺寸不对		
螺纹不合格		
同轴度误差		
表面粗糙度达不到要求		

学习活动 5　工作总结与评价

学习目标

1. 能按照凸轮轴加工综合评价表完成自评。

2. 能按分组情况，分别派代表展示工作成果，说明本次任务的完成情况，并作分析总结。

3. 能结合自身任务完成情况，正确规范地撰写工作总结。

4. 能就本次任务中出现的问题，提出改进措施。

5. 能对学习与工作进行反思总结，并能与他人开展良好合作，进行有效沟通。

建议学时　2 学时

学习过程

一、自我评价

凸轮轴加工综合评价表

<table>
<tr><td>工件编号</td><td></td><td rowspan="2">技术要求</td><td rowspan="2">配分</td><td>总得分</td><td colspan="2"></td></tr>
<tr><td>项目</td><td>序号</td><td>评分标准</td><td>检测记录</td><td>得分</td></tr>
<tr><td rowspan="3">仿真过程（10%）</td><td>1</td><td>仿真软件操作正确</td><td>4</td><td>熟练程度</td><td></td><td></td></tr>
<tr><td>2</td><td>模拟加工设置正确</td><td>3</td><td>酌情扣分</td><td></td><td></td></tr>
<tr><td>3</td><td>程序输入</td><td>3</td><td>酌情扣分</td><td></td><td></td></tr>
</table>

续表

工件编号		技术要求	配分	总得分		
项目	序号			评分标准	检测记录	得分
机床操作（20%）	4	正确开启机床、检查	4	不正确、不合理无分		
	5	机床返回参考点	4	不正确、不合理无分		
	6	程序的输入及修改	4	不正确、不合理无分		
	7	程序空运行轨迹检查	4	不正确、不合理无分		
	8	对刀的方式、方法	4	不正确、不合理无分		
程序与工艺（20%）	9	程序格式规范	5	不合格每处扣 2 分		
	10	程序正确、完整	8	不合格每处扣 2 分		
	11	工艺合理	7	不合格每处扣 1 分		
零件质量（40%）	12	ϕ（58 ±0.05）mm	2	超差不得分		
	13	ϕ（42 ±0.05）mm	2	超差不得分		
	14	ϕ（39 ±0.05）mm	2	超差不得分		
	15	ϕ（24 ±0.05）mm	2	超差不得分		
	16	ϕ（22 ±0.05）mm	2	超差不得分		
	17	（60 ±0.1）mm	2	超差不得分		
	18	（12 ±0.05）mm	2	超差不得分		
	19	（10 ±0.05）mm	2	超差不得分		
	20	（7 ±0.05）mm	2	超差不得分		
	21	（21 ±0.05）mm	2	超差不得分		
	22	4 mm × 2 mm	1	超差不得分		
	23	10°	2	超差不得分		
	24	30°	2	超差不得分		
	25	M30 × 1.5—6 g	3	超差不得分		
	26	◎ 0.05 A	3	超差不得分		
	27	Ra1.6 μm（6 处）	3	降级不得分		
	28	Ra3.2 μm（4 处）	2	降级不得分		
	29	C2 mm（2 处）	1	超差不得分		
	30	C1 mm（3 处）	3	超差不得分		

续表

工件编号		技术要求	配分	总得分		
项目	序号			评分标准	检测记录	得分
安全文明生产（10%）	31	安全操作	5	不按安全操作规程操作全扣		
	32	机床清理	5	不合格全扣		
总分			100			

二、展示评价（小组评价）

把个人制作好的凸轮轴先进行分组展示，再由小组推荐代表作必要的介绍。在展示过程中，以组为单位进行评价；评价完成后，根据其他组成员对本组展示成果的评价意见进行归纳总结。完成如下项目：

1．展示的凸轮轴符合技术标准吗？

合格□　　不良□　　返修□　　报废□

2．本小组介绍成果表达是否清晰？

很好□　　一般，常补充□　　不清晰□

3．本小组演示的凸轮轴检测方法操作正确吗？

正确□　　部分正确□　　不正确□

4．本小组演示操作时遵循了“6S”的工作要求吗？

符合工作要求□　　忽略了部分要求□　　完全没有遵循□

5．本小组的检测量具、量仪保养完好吗？

良好□　　一般□　　不合要求□

6．本小组的成员团队创新精神如何？

良好□　　一般□　　不足□

三、教师评价

教师对展示的作品分别作评价。

1．找出各组的优点进行点评。

2．对展示过程中各组的缺点进行点评，提出改进方法。

3．对整个任务完成中出现的亮点和不足进行点评。

四、总结提升

1．根据凸轮轴加工质量及完成情况，分析凸轮轴编程与加工中的不合理处及其原因并提出改进意见，填入表中。

凸轮轴加工不合理处及改进意见

序号	工作内容	不合理处	不合理的原因	改进意见
1	零件工艺处理与编程			
2	零件数控车加工			
3	零件质量			

2．试结合自身任务完成情况，通过交流讨论等方式较全面规范地撰写本次任务的工作总结。

工作总结（心得体会）

评价与分析

学习任务五评价表

班级：__________　　　　学生姓名 ：__________　　　　学号：________

项目	自我评价			小组评价			教师评价		
	10 ~ 9	8 ~ 6	5 ~ 1	10 ~ 9	8 ~ 6	5 ~ 1	10 ~ 9	8 ~ 6	5 ~ 1
	占总评 10%			占总评 30%			占总评 60%		
学习活动 1									
学习活动 2									
学习活动 3									
学习活动 4									
学习活动 5									
表达能力									
协作精神									
纪律观念									
工作态度									
分析能力									
操作规范性									
任务总体表现									
小计									
总评									

任课教师：________　　年　　月　　日

附　　表

附表 1

交接班记录

设备名称：　　　　　　　　设备编号：　　　　　　　　　　使用班组：

项目	交接机床	交接工、量、刃具			交接图样	交接材料	交接成品件	交接半成品件	工艺技术交流
数量、使用情况（交班人填）									
交班人									
接班人									
日期									

附表 2

设备日常保养记录卡

设备名称：　　　　设备编号：　　　　使用部门：　　　　保养年月：　　　　存档编码：

日期 / 保养内容	1	2	3	4	5	6	7	8	9	10	11	12	13	14	15	16	17	18	19	20	21	22	23	24	25	26	27	28	29	30	31
环境卫生																															
机身整洁																															
加油润滑																															
工具整齐																															
电气损坏																															
机械损坏																															
保养人																															
机械异常备注																															

审核人：　　　　　　　　　　　　年　　月　　日

注：保养后，用“√”表示日保；“△”表示周保；“○”表示月保；“Y”表示一级保养；“×”表示有损坏或异常现象，应在“机械异常备注”栏给予记录。